致 *Yashi*、*Pakhi* 及 *Rudra*。

作者简介

Vaibhav Verdhan 在数据科学、机器学习和人工智能方面拥有 12 年以上的经验。他是一位具有工程背景的工商管理硕士，也是一位善于实践的技术专家，具有敏锐的透彻理解和分析数据的能力。他曾在跨地理区域和零售、电信、制造、能源和公用事业领域引领多个机器学习和人工智能项目。目前和家人居住在爱尔兰，担任首席数据科学家。

技术评审者简介

Irfan Elahi 是一位以客户为中心的全栈云分析专家，拥有独特且成熟的多种咨询和技术能力组合(云、大数据和机器学习)，不断增长的各种成功项目在电信、零售、能源、医疗保健等多个领域产生了巨大影响和价值。此外，从其出版的书籍、Udemy 课程、博客文章、培训、讲座和具有全球影响力的演讲中可明显看出，他是一位分析传道者。

Python 监督学习

[爱尔兰] 瓦伊巴夫·韦尔丹(Vaibhav Verdhan) 著

梁平 谭颖 译

清华大学出版社

北　京

北京市版权局著作权合同登记号　图字：01-2021-5499

First published in English under the title

Supervised Learning with Python: Concepts and Practical Implementation Using Python

by Vaibhav Verdhan

Copyright © Vaibhav verdhan, 2020

This edition has been translated and published under licence from APress Media, LLC, part of Springer Nature.

本书中文简体字版由 Apress 出版公司授权清华大学出版社出版。未经出版者书面许可，不得以任何方式复制或抄袭本书内容。

图书在版编目(CIP)数据

　　Python监督学习 / (爱尔兰)瓦伊巴夫·韦尔丹(Vaibhav Verdhan)著；梁平，谭颖译. —北京：清华大学出版社，2022.1

　　书名原文：Supervised Learning with Python

　　ISBN 978-7-302-59465-9

　　Ⅰ．①P…　Ⅱ．①瓦…　②梁…　③谭…　Ⅲ．①软件工具—程序设计　Ⅳ．①TP311.561

中国版本图书馆 CIP 数据核字(2021)第 217398 号

责任编辑：王　军
装帧设计：孔祥峰
责任校对：马遥遥
责任印制：丛怀宇

出版发行：清华大学出版社
　　　　　网　　　址：http://www.tup.com.cn，http://www.wqbook.com
　　　　　地　　　址：北京清华大学学研大厦 A 座　　　　邮　　编：100084
　　　　　社 总 机：010-83470000　　　　　　　　　邮　　购：010-62786544
　　　　　投稿与读者服务：010-62776969，c-service@tup.tsinghua.edu.cn
　　　　　质 量 反 馈：010-62772015，zhiliang@tup.tsinghua.edu.cn
印 装 者：三河市君旺印务有限公司
经　　销：全国新华书店
开　　本：170mm×240mm　　　印　　张：15.25　　　字　　数：290 千字
版　　次：2022 年 1 月第 1 版　　　印　　次：2022 年 1 月第 1 次印刷
定　　价：68.00 元

产品编号：091565-01

前言

"做推测很难，对未来的预测更难。"

——Yogi Berra

2019 年，麻省理工学院的 Katie Bouman 在处理了 5PB(5×2^{50} 字节)数据后制作出有史以来的第一张黑洞图像。数据科学、机器学习和人工智能在这一非凡的发现中发挥了核心作用。

数据是新的能源。根据哈佛商业评论(HBR)，数据科学家是 21 世纪"最性感"的职业。数据助长业务决策，其影响力遍及各行各业，使我们能够创造智能产品、随机应变营销策略、创新业务策略、提升安全机制、阻止欺诈行为、减少环境污染并研制开拓性药物，让我们的日常生活变得充实，让我们的社交媒体互动更加有条理，也让我们能够降低成本、提高利润并优化操作。数据为未来提供惊人的增长空间、推动事业发展，但该领域却缺乏人才。

本书尝试在机器学习分支之一、被称为"监督学习"的方面培养读者，涵盖了一系列监督学习算法和各种算法的 Python 实现。全书讨论算法的构建块、基本原理、数学基础和背景过程，通过从零开始开发实际 Python 代码并按步骤解释代码对学习加以补充。

本书第 1 章简要介绍机器学习，讨论机器学习概念、监督、半监督和无监督学习方法的差异和各种实际案例。第 2 章研究回归算法，如线性回归、多项式回归、决策树、随机森林等。第 3 章是关于分类算法的，使用的方法有逻辑回归、朴素贝叶斯、k 最近邻、决策树和随机森林。第 4 章将介绍梯度提升机(GBM)、支持向量机(SVM)和神经网络。在本书中将处理结构化数据及文本和图像数据，通过实用的 Python 实现予以补充说明，使理解更为透彻。第 5 章是关于端到端模型开发的，你能获得 Python 代码、数据集、最佳实践、常见问题和缺陷的解决方案及有关实现算法的第一手实用知识。你将能够运行代码并以创新方式扩展代码，理解如何解决监督学习问题。你作为数据科学爱好者的非凡才能将得到极大的提升，请做好准备加入这富有成效的教程！

本书适用于想用 Python 实现对监督学习概念进行探索的研究人员和学生，推荐那些渴望紧跟技术前沿、透彻了解各种高级概念、获取常见挑战问题的最佳实践和解决方案的在职专业人员使用，也可供希望获得第一手知识、与团队和客户无障碍沟通的商业领袖使用。本书尤其是面向那些试图对监督学习算法工作原理进行探索并尝试使用 Python 的各类求知若渴的人士。

　　祝幸福安康！

——Vaibhav Verdhan

致谢

感谢 Apress 出版社、Celestin John、Shrikant Vishwarkarma 和 Irfan Elahi 所表现出的信心及提供的大力支持。同时非常感谢 Eli Kling 博士为本书作序。特别要感谢我的家人：Yashi、Pakhi 和 Rudra，如果没有他们的支持，就不可能完成本书的撰写。

序

在家分娩有多安全？这个问题问得好，请暂停片刻让自己沉思一下。

能肯定的是，你能够看出对这个问题的回答会如何影响个人决策和策略选择。答案可能是概率、等级分类或选择成本。另外，中立的反应也可以是"这要看情况"。有很多因素会影响在家分娩的安全性。

这里通过这个思维练习说明，其实你会很自然地像数据科学家一样思考，因为你理解明确规定分析焦点及解释不同结果的重要性。着手阅读本书是为了确定如何用数学方式表达这些本能的概念及如何指示计算机发现"特征"与"目标"之间的关系。

30 多年前(那时我的事业刚起步)是统计学家的天下，他们精于用数学语言描述关系和噪声。预测建模的目的本质上是作为一种工具，用于从看似混乱的信息中分离出信号或模式并记述分离完成得怎么样。

如今利用了计算力的机器学习算法增添了一种新的典范，由此产生了一种新的职业：数据科学家。数据科学家是可以根据统计方法论进行思考、指示计算机执行所需的处理并解释结果和报告的专业人才。

成为一名优秀的数据科学家需要一段始于基础知识和技巧学习的旅程。一旦完成了本书的探索，你也许可以更好地了解想在哪方面加深理论知识。你可能会发现从大体上研究统计建模理论，特别是贝叶斯范式会非常有趣，机器学习毕竟是计算统计学。

Eli.Y. Kling 博士(科学学士、工程硕士及博士)
于英国伦敦

目录

第**1**章

监督学习简介

"未来属于那些今日为之做准备的人。"

——Malcom X

未来总会引起人们的兴趣——想要知道前面会发生什么并对其做规划，如能预测未来就可以塑造业务策略、最小化损失并提升利润。预测从传统上就引人入胜，而你刚刚跨出了学习预测未来的第一步。恭喜你，欢迎加入令人兴奋的旅程！

你可能已经听说过数据是新的石油，数据科学和机器学习(Machine Learning，ML)驾驭数据的这种力量可用来做各种预测。这种能力让人们能研究各种趋势和异常、收集可执行的洞察结果并为业务决策提供指导。本书将辅助开发这些能力，学习机器学习概念，用 Python 开发实用代码，还将使用多个数据集，从数据生成洞察结果，并用 Python 建立预测模型。

读完这本书，你将精通着眼于监督学习的各种数据科学和机器学习概念。本书将研究监督学习算法的各种概念并用于解决回归问题、学习分类问题，将指导你将这些技能应用于不同的实际生活案例，还将探讨各种高级监督学习算法和深度学习概念。数据集有结构化的，也有文本和图像。最后讲述端到端模型的开发和部署过程，从而完成整个学习过程。

在这个过程中，将研究监督学习算法、算法的具体细节、统计和数学公式和过程、背景知识，以及如何用数据创建解决方案。所有使用的 Python 代码和数据集已上传至 GitHub 存储库(https://github.com/Apress/supervised-learning-w-python)，便于访问。建议你自行复制代码。

让我们开始学习之旅。

1.1　什么是机器学习

往脸书上传一张图片或在亚马逊购物、发推文或在 YouTube 上观看视频时，这些平台都会为我们收集数据。每次交互我们都会留下数字足迹，所产生的这些数据点都会被收集和分析，机器学习使这些商业巨头能够向我们进行逻辑推荐。根据我们所喜爱的视频类型，Netflix/YouTube 能更新我们的播放列表、所能点击的链接和会做出的反应；脸书能向我们推荐贴文、观察我们经常购买哪类产品；而亚马逊能根据我们钱袋的大小推荐下一次购买的商品。令人惊奇，对吧？

机器学习的简短定义如下："机器学习中研究各种统计/数学算法，从数据中学习模式后再用这些数据为未来做预测。"

机器学习不限于网络媒体，其能力已扩展到多个领域、地域和案例。本章最后一节会详细描述各种案例。

由此看出，机器学习对海量数据进行分析并揭示出其中的模式，再将这些模式应用到真实数据对未来做预测。这些真实数据具有未见性，预测则有助于商家制定各自的策略。这些任务不需要通过计算机编程完成，而由算法根据历史数据和统计模型做出决策。

然而机器学习是如何融入较大数据分析画面中的呢？我们经常会遇到数据分析、数据挖掘、机器学习和人工智能(Artificial Intelligence，AI)这些术语，数据科学也是不严格的习惯用语，是没有可用的准确定义的，如果现在探索这些词将恰逢其时。

1.1.1　数据分析、数据挖掘、机器学习和人工智能之间的关系

"数据挖掘"目前是流行术语，用于描述从大数据集、数据库和数据池收集数据，从数据中提取信息和模式并将洞察内容转化为可用结构的过程，涉及数据管理、预处理、可视化等。但数据挖掘常常只是数据分析项目的第一步而已。

研究数据的过程称为"数据分析"，通常用于找出数据趋势，识别异常，用表、绘图、直方图、交叉表等生成洞察结果。由于数据分析产生的信息容易理解、具有相关性且直接明了，因此数据分析是最重要的步骤之一，且非常强大。我们经常会使用微软 Excel、SQL 进行探索性数据分析(EDA)，这是建立机器学习模型前的一个重要步骤。

这里有个经常讨论的问题——机器学习、人工智能和深度学习之间是什么关系？数据科学如何融入其中？图 1-1 描述了这些领域之间的交叉关系。人工智能被认为是替代人力密集型任务的自动化解决方案，可降低成本和耗时并提高整体效率。

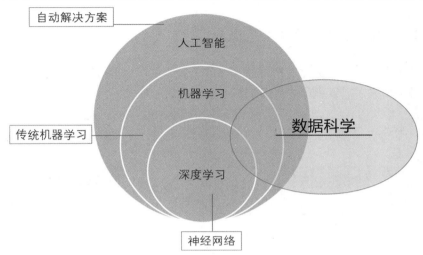

图 1-1　人工智能、机器学习和数据科学之间的关系显示这些领域互相关联并互相促进

深度学习是目前最热的趋势之一，神经网络则是深度学习的心脏和灵魂。深度学习是人工智能和机器学习的子集，涉及开发复杂数学模型解决各种业务问题，大多数情况下使用神经网络来分类图像并分析文本、音频和视频数据，

数据科学与这些领域并置，不仅涉及机器学习，还涉及统计理解、编码专业知识和商业洞察力，以解决业务问题。数据科学家的工作就是解决业务问题并为各种业务生成具体行动方案。可参考表 1-1，理解数据科学的各种能力和限制。

表 1-1　数据科学：数据科学有何帮助、数据科学的限制

数据科学有何帮助	数据科学的限制
通过分析人类难以分析的多维数据辅助决策制定	数据无法替代经验
用统计工具和技术发现模式	数据科学不能取代学科知识
算法进一步辅助度量模式和主张的准确度	数据科学依赖于数据可用性和数据质量。根据输入才能得到输出
结果能被复制，也能改善	数据科学不能一夜之间将收益或销售或输出提高 50%，也不能立即将成本降低 1/3
使用机器学习，与传统软件工程大相径庭	数据科学项目的实施需要时间

基于前面的讨论,你应该已经明确了机器学习及其与其他数据相关领域的关系,现在也应意识到"数据"在机器学习中起关键作用。下面继续探索更多关于数据、数据类型和属性的内容。

1.1.2 数据、数据类型和数据源

由于你已经对数据有所理解,因此是时候温习这部分知识并讨论生成的不同类型数据集及各种示例了。图 1-2 描绘了数据的差异性。

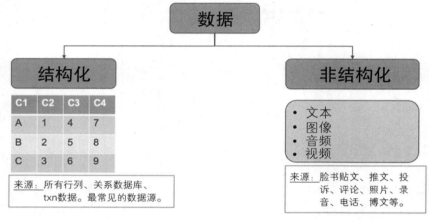

图 1-2 数据可分为结构化和非结构化数据。结构化数据更

容易处理,而深度学习一般用于非结构化数据

数据从人们的各种交互和事务中产生。无论线上还是线下,每时每刻都在生成数据。在银行、零售销售点、社交媒体、手机通话中,每次交互都生成数据。

数据有两种类型:结构化数据和非结构化数据。当你给朋友打电话,电信操作人员获取电话数据,如通话时长、通话费用、通话时间等。同样,当你用银行门户进行线上交易时,会围绕交易数量、接收人、交易理由、日期/时间等产生数据。所有能用行列结构表示的数据点都称为"结构化数据"。大多数使用和分析的数据都是结构化的,存储在 Oracle、SQL、AWS 等数据库和服务器中。

非结构化数据是不能用行列结构表示的类型,至少其基本格式是不行的。非结构化数据的示例有文本数据(脸书贴文、推文、投诉、评论等)、图像和照片(Instagram、产品照片)、音频文件(广告主题曲、录音、电话中心通话)及视频(广告、YouTube 帖子等)。尽管所有非结构化数据都可保存并分析,但非结构化数据比结构化数据更难分析。需要注意的重要一点是,非结构化数据也必须转换为整数,这样计算机才能

理解并处理这些数据。例如，彩色图像具有像素，每一像素有 RGB(红、绿、蓝)值，取值范围从 0 到 255，这意味着每一图像都能以整数矩阵表示，由此数据可输入计算机进行更多分析。

> **提示**   分析文本和图像数据的技术包括自然语言处理、图像分析及神经网络，如卷积神经网络、回归神经网络等。

一个经常被忽略且较少讨论的重要方面是数据质量。数据质量决定着分析质量和生成的洞察结果。请牢记：如果输入劣质的无用信息，输出的信息必然是垃圾。

图 1-3 体现了好数据集的属性。着手处理问题时迫切需要的是花相当的时间确定的质量最高的数据。

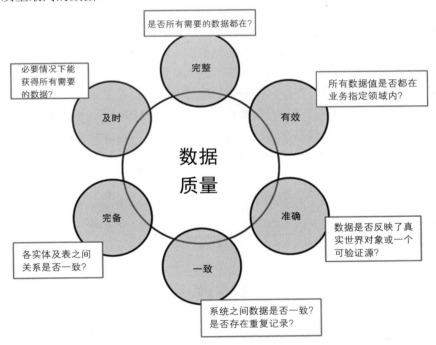

图 1-3   数据质量在机器学习解决方案开发中起重要作用，大量时间和努力都用于提高数据质量

要确保可用的数据符合以下标准。

● **数据完整性**(指可用属性的百分比)。在现实世界的业务中很多属性都会丢失或具有空值(NULL)或不可用(NA)值，建议确保数据来源正确及其完整性。数据准备阶段处理这些变量并根据需要替换或删除变量。例如，如果你正处理零售交易数据，就必须确保所有或几乎所有月份的收入都可用。

- **数据有效性**确保数据识别阶段捕获所有关键性能指标(KPI)。行业专家(SME)的意见在确保数据有效性中起重要作用,他们将计算并验证关键性能指标。例如,计算移动用户平均通话费用时,行业专家可能建议增加/删除一些成本,如频谱成本、购置成本等。

- **数据准确性**确保捕获的所有数据点正确,数据中没有不一致信息。值得注意的是由于人为错误或软件问题,有时会捕获错误信息。例如,获取零售商店中采购用户的数量时,周末的数据往往高于一周中的其他日子,这是探索阶段要确保的。

- 使用的数据必须**一致**且不能在系统和接口之间发生变化。不同系统常常用于代表一项关键性能指标。例如,网页点击量可以不同方式记录,该关键性能指标的一致性将确保分析正确完成并生成一致的洞察结果。

- 在各种数据库和表中保存数据时,各个实体和属性的关系常常不一致,更坏的情况下可能不存在。系统数据**完备性**确保我们不会面临这种问题。高效、完整和正确的数据挖掘过程需要稳固的数据结构。

- 数据分析的目标是要找到数据中的趋势和模式,关于日期/时间和事件会有季节性变化和移动等,有时有必要捕获近年的数据,以度量关键性能指标的变化。捕获的数据**及时性**必须具有代表性,才足以捕获这些变化。

数据中遇到的最常见问题是缺失值、重复值、垃圾值、离群值等。本书将详细讲解如何以逻辑和数据方式解决这些问题。

到此,你已经理解了什么是机器学习及什么样的高质量数据能确保好的分析。但仍有一个问题未回答——有可用的软件工程为什么还需要机器学习?下面的章节将给出答案。

1.2 机器学习与软件工程的差异

软件工程和机器学习都可用于解决业务问题,都与数据库交互、有分析模块,并为模块编写代码、生成业务所用的输出。业务领域的理解和可使用性对这两个领域都是必要的。软件工程和机器学习在这些参数上相似,而关键差异在于执行和用于解决业务挑战的方法。

软件编写涉及写出准确的、能由计算机处理器执行的代码,而另一方面,机器学习收集历史数据并理解数据的趋势。根据趋势,机器学习算法能预测期望的输出。先来看一个简单的示例。

考虑一下:要自动打开可乐罐。若使用软件,就要编写具有准确坐标和指令的精确步骤，这就要知道精确的细节，而使用机器学习则可以多次向系统"展示"开罐的过程，系统会观察各步骤或"训练"自己的学习过程，下次系统就能自己打开罐。现在来看一个真实的示例。

想象你正在为一家提供信用卡的银行工作，你在欺诈侦查组，工作是界定一项交易是欺诈还是真实的。当然有验收标准，如交易量、交易时间、交易模式和交易城市等。

采用软件实现一个假设的解决方案，可实施的条件如图 1-4 所示，能做出如决策树一样的最终决策。步骤 1 中，如果交易量低于阈值 X，则进入步骤 2 或接受交易量。步骤 2 中，可检查交易时间，再继续该过程。

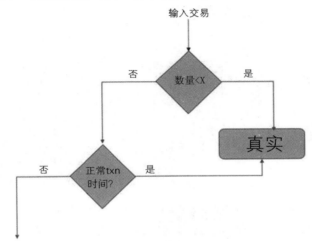

图 1-4　欺诈检测系统假设的软件工程过程。软件工程不同于机器学习

而使用机器学习可收集构成过去交易的历史数据，包含欺诈和真实交易。然后将这些交易输入统计算法并进行训练。统计算法将揭示交易所具有的欺诈/真实性属性，并确保这项信息的安全以便以后使用。

下一次向系统显示新交易时，系统会根据过去交易中已生成的历史知识和此次新的、未见过的交易属性将其划分为欺诈或真实。因此机器学习算法生成的规则集取决于趋势和模式，同时提供较高的灵活性。

机器学习解决方案的开发通常比软件工程更具迭代性，也不像软件那样完全准确。但是机器学习肯定是一种良好的通用解决方案，是解决复杂业务问题的理想解决方案，也通常是人类无法理解的真正复杂问题的唯一解决方案。这里机器学习起关键性作用，其优点在于，如果训练数据发生变化，不必从头开始开发过程，重新训练该模型即可！

因此机器学习无疑是非常有用的！现在需要了解机器学习项目的步骤，为更深入的机器学习之旅做好准备。

机器学习项目

机器学习项目与任何其他项目一样，具有要达成的业务目标，需要输入信息、工具和团队、所期望的准确度和最后期限。

然而，机器学习项目的执行又不同于其他项目。机器学习过程的第一步是定义业务目标和衡量成功标准的可度量参数。图 1-5 显示了机器学习项目的后续步骤。

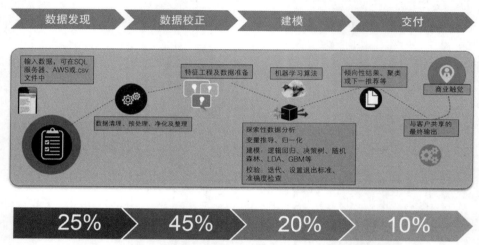

图 1-5　机器学习项目与其他项目相似，有各种步骤和过程。
如同任何其他项目一样需要正确的规划和执行

后续步骤如下：

(1) 数据发现是为了探索各种可用的数据源。在 SQL 服务器、Excel 文件、文本或.csv 文件或云服务器上有可用的数据集。

(2) 数据挖掘和校正阶段中，从所有数据源抽取相关域，适当地清理和处理数据，为下一阶段做好准备。创建新的派生变量，删除信息含量不多的变量。

(3) 接着是探索性数据分析或 EDA 阶段。使用分析工具，从数据中生成一般性洞察结果。这个阶段的输出是趋势、模式和异常，已证明对下一阶段的统计建模非常有用。

(4) 机器学习建模或统计建模是实际的模型开发阶段，全书都将对这个阶段进行详细讨论。

(5) 建模后业务团队之间共享结果，并在生产环境中部署统计模型。

由于大多数可用数据都不干净，因此有 60%～70%的项目时间花在了数据挖掘、数据发现、清理和数据准备阶段。

开始项目前有几项预期的挑战。图 1-6 中讨论了几个在开始机器学习项目前应该问的问题。

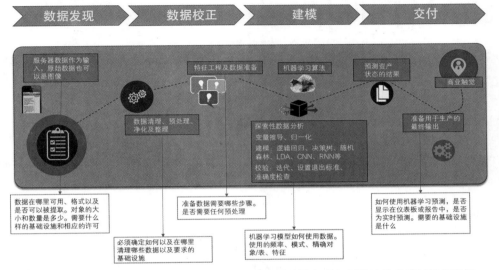

图 1-6 开始机器学习项目前所做的准备。必须清楚所有相关问题并冻结各关键性能指标

现在应能回答有关数据可用性、数据质量、数据准备、机器学习模型预测度量等问题。启动项目之前必须找到上述问题的答案，否则将让自身面临压力，在后期阶段错过最后期限。

现在已知道什么是机器学习及机器学习项目的各个阶段。考虑一下机器学习模型以及过程中的各个步骤会很有用。在深入学习之前必须复习一些统计和数学概念，只有具有统计学和数学知识才能欣赏机器学习。

1.3 机器学习的统计和数学概念

对于完整和具体的机器学习知识而言，最重要的就是统计和数学。用于预测的数学和统计算法基于线性代数、矩阵乘法、几何概念、向量空间图等概念。有些概念你可能已经学习过，后续章节中学习算法时我们也会详细研究算法工作原理背后的数学知识。

这里有些需要理解的非常有用和重要的概念，是数据科学和机器学习的构建块。

- **群体与样本**：如名称所言，考虑所有可用数据点时顾及的是整个群体，如果从群体中抽取百分比则称为一个样本，如图 1-7 所示。

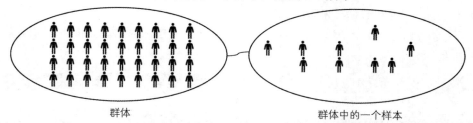

群体

群体中的一个样本

图 1-7　群体与群体中的一个样本。样本是群体的真实代表，采样应无偏见

- **参数与统计值**：参数是群体的描述度量，如群体均值、群体方差等。一个样本的描述度量称为统计值，如样本均值、样本方差等。
- **描述与推断统计**：收集一个群体的数据并得出结论称为描述统计，而从样本中收集数据并利用产生的统计值对从中进行采样的群体所生成的结论则称为推断统计。
- **数值与分类数据**：所有定量的数据点都是数值，如高度、重量、体积、收益、回报百分比等。
  - 定性的数据点为分类数据点：如性别、电影分级、识别码、出生地等。分类变量有两个类别：定类和定距。定类变量的不同值之间没有等级，而定距变量则有等级。
  - 定类数据的示例有性别、识别码、身份证号等，而定距变量的示例有电影分级、财富 50 强排名等。
- **离散与连续变量**：可计数的数据点是离散的；否则数据是连续的(图 1-8)。

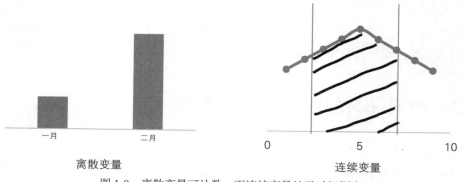

离散变量

连续变量

图 1-8　离散变量可计数，而连续变量处于时间框内

如一个批次中残次品的数量是可计数的，也就是离散的，而顾客到达零售店的

时间间隔则是连续的。

- **趋中性的度量**：均值、中间值、模、标准差和方差是趋中性的度量值，是衡量各种关键性能指标的核心。还有其他的度量值，如总分布、十分位数分布或四分位数分布。例如，每天汇报完成的交易数量时要上报每天总交易量和每天的平均量，还要为关键性能指标上报时间/日期移动量。
- **泊松分布**：泊松分布确定在固定时间或空间间隔内给定数量事件发生的概率。假设事件是相互独立的且以恒定均值出现。

泊松分布公式如下：

$$P(某个间隔内k个事件)=\frac{\lambda^k e^{-\lambda}}{k!}$$

例如，如果要模拟下午 4 点到 5 点光临商店的客户数量，或者晚上 11 点到凌晨 4 点访问服务器的交易数量，就可使用泊松分布。

可采用下面的 Python 代码生成泊松分布：

```
import numpy as np
import matplotlib.pyplot as plt
s = np.random.poisson(5, 10000)
count, bins, ignored = plt.hist(s, 14, normed=True)
plt.show()
```

- **二项式分布**：用二项式分布模拟从 N 个群体中抽取 n 个成功样本的数量，条件是抽出样本后样本可替换。因此在一系列 n 个独立事件中，布尔结果决定每次事件成功与否。显然，如果成功概率为 p，则失败概率为 $1-p$。

二项式分布公式如下：

$$P(X)=\mathbf{C}_n^x p^x (1-p)^{n-x}$$

二项式分布最简单的示例是抛硬币，每次抛硬币事件都独立于其他事件。

可采用下面的 Python 代码生成二项式分布：

```
import numpy as np
import matplotlib.pyplot as plt
n, p = 10, .5
s = np.random.binomial(n, p, 1000)
count, bins, ignored = plt.hist(s, 14, normed=True)
plt.show()
```

● **正态或高斯分布**：正态分布或高斯分布是最著名的分布，其著名的钟形曲线经常出现在自然界中。

对于正态分布而言，当大量的小且随机的干扰一起产生影响时具有这种分布形式。每个小干扰都具有自身独特的分布。

高斯分布构成著名的 68-95-99.7 法则的基础，即正态分布中 68.27%、95.45%和99.73%的值在距离均值的 1、2、3 标准差之内。可用下面的 Python 代码生成如图1-9 所示的正态分布。

```python
import numpy as np
import matplotlib.pyplot as plt
mu, sigma = 0, 0.1
s = np.random.normal(mu, sigma, 1000)
count, bins, ignored = plt.hist(s, 30, normed=True)
plt.plot(bins, 1/(sigma * np.sqrt(2 * np.pi)) * np.exp
( - (bins - mu)**2 / (2 * sigma**2) ),linewidth=2, color='r')
plt.show()
```

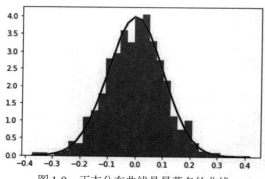

图 1-9　正态分布曲线是最著名的曲线

● **偏差-方差权衡**：要想度量模型的性能需要计算误差，即实际值和预测值之间的差异。这个误差有两个来源，如图 1-10 和图 1-11 所示，表 1-2 中定义的偏差和方差。

误差表示如下：

$$误差 = 偏差的二次方 + 方差 + 不可约误差$$

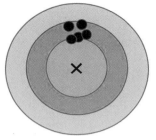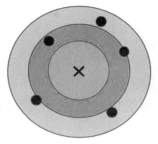

图 1-10　偏差是模型欠拟合，而方差是模型过拟合，必须
控制两者才能产生稳固的机器学习解决方案

表 1-2　比较偏差和方差

偏差	方差
度量预测值与实际值的差异有多大	仅度量数据点预测的差异有多大
好模型的偏差应低	好模型的方差应低
由于训练时所做的错误假设或未考虑数据中的所有信息导致欠拟合，则产生高偏差	使用训练数据的模型过拟合及未推导出一般性规则时，则产生高方差。采用新数据集做预测时模型表现很差

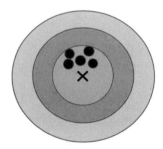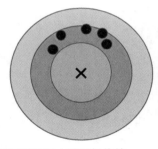

图 1-11　低方差/低偏差及高方差/高偏差。最终入围模型需要低方差和低偏差

- **向量和矩阵**：所用数据集均可采用向量空间图表示，这里简单介绍向量和矩阵的定义。

向量定义如下：

a. 向量是具有大小和方向的对象；

b. 是以数学形式表示任何数据形式的优秀工具；

c. 典型的向量表示为[1,2,3,4,5]；

d. 数学用语中向量表示为头部带箭头的$\vec{v}$；

e. 可用于数值或非数值的数据。通过向量化和嵌入的方式实现以数学形式表示的非结构化数据。

矩阵定义如下：

a. 矩阵是向量的延展；

b. 是一组叠加的向量，因此矩阵由行和列排列的数值构成；

c. 非常容易表示和保存数据集以进行数学运算；

d. 典型的矩阵为

$$A = \begin{pmatrix} 1 & 2 & 3 \\ 4 & 5 & 6 \\ 7 & 8 & 9 \end{pmatrix}$$

● **相关性和协方差**：要理解变量之间的关系，相关性和协方差是非常重要的度量。

a. 协方差和相关性度量两个变量之间的依赖性；

b. 例如儿童随着身高的增加，一般体重也会增加，这种情况下身高和体重具有正相关性；

c. 数据点之间也可以具有负或零相关性；

d. 例如旷课次数增加可能降低成绩，如果从样本集中能观察到同样的趋势，则这些参数具有负相关性；

e. 零相关性显示线性无关，但可能有非线性相关，例如大米涨价与汽车价格的涨跌具有零相关性；

f. 相关性是协方差的换算值；

g. 图 1-12 显示了三种相关性：正、负和无相关性。

这里还需要讨论几个概念，如度量算法的准确性、R^2、可调节 R^2、AIC 值、一致性比率、KS 值等。书中有两章对其进行了讨论：第 2 章中的回归问题和第 3 章中的分类问题。

太棒了！现在你已复习了主要的统计概念，机器学习和统计齐头并进是值得称赞的。

现在从不同类型算法开始，深度介绍机器学习的概念。目前不同类型的机器学习算法有监督学习、无监督学习、半监督学习、自学习和特征学习等，这里从监督学习入手。

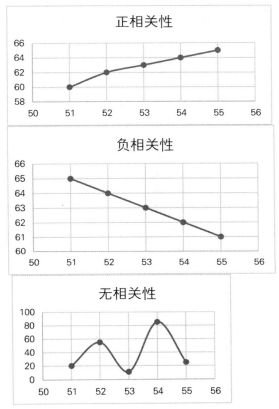

图 1-12　数据中的正、负、无相关性

1.4　监督学习算法

监督学习可以说是机器学习最常见的用法。如你所知，机器学习中统计算法从历史数据中学习模式，该过程称为训练算法。历史数据或训练数据包含输入和输出变量，还有通过算法所学习的训练样本集合。

训练阶段，一种算法生成输出变量和输入变量之间的关系，目标是生成能够利用输入变量预测输出变量的数学公式。输出变量也称为目标变量或因变量，输入变量则称为自变量。

这里举例说明此过程。假设要根据房屋属性预测以英镑计的房屋预期价格，房屋属性有房屋大小(以平方米计)、位置、卧室数量、阳台数量、到最近机场的距离等。针对这个模型，有如表 1-3 所示的一些历史数据可用。这些历史数据是用于训练该模型的训练数据。

表 1-3   预测房屋价格的数据集结构

面积 /平方米	卧室数量/个	阳台数量/个	到机场距离 /千米	价格 /百万英镑
100	2	0	20	1.1
200	3	1	60	0.8
300	4	1	25	2.9
400	4	2	5	4.5
500	5	2	60	2.5

同样的数据在向量空间图中表示为如图 1-13 所示。每行或训练样本是一个数组或一个特征向量。

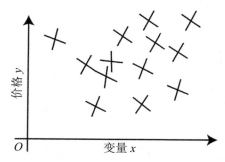

图 1-13   价格和其他变量的向量空间图表示。如果具有多个变量，则可认为是多维向量空间

现在开始训练过程，我们将迭代式地满足一个数学函数并对其进行优化。目标始终是提高其预测房价的准确性。

从根本上讲，想要实现的是关于价格的函数 "f"：

价格=f(面积、位置、卧室数量、到机场距离、阳台数量……)

机器学习模型的目标是实现该函数。这里价格是目标变量，剩下的是自变量。图 1-14 中价格是目标变量或 y，剩余的属性为自变量或 x，红线标示机器学习公式或数学函数，也称为最佳拟合线。

本问题的唯一目的是满足该数学公式。采用更多训练数据点、更好和更高级的算法并具有更高严格性，就可持续提高该公式的准确性。该公式是数据点的最佳表示，或者利用该公式可捕获数据中存在的最大随机性。

采用称为线性回归的监督学习算法适用于上面的案例。对于同样的问题，如决策树等不同监督算法则需要不同的方法。

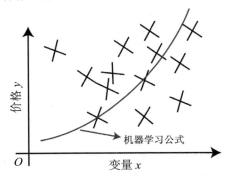

图 1-14　采用回归机器学习公式的矢量空间图。该公式为
用于对不可见数据集进行预测的最佳拟合线

由此，监督学习算法的定义如下："监督学习算法建立统计机器学习模型，预测目标变量的值，输入数据包含自变量和目标变量。"

监督学习算法的目的是实现优化了的函数，对新的未见数据相关的输出做出预测，这些新的未见数据不属于训练数据。要优化的函数称为目标函数。

监督学习算法用于解决两类问题，即回归和分类，下面开始讨论。

1.4.1　回归与分类问题

简单地讲，回归用于预测连续变量值，而分类用于预测分类变量值，回归问题的输出为连续值。

因此，前面的案例由于要预测准确房价，所以是回归问题。其他案例有预测未来 30 天内某项业务的收益，有多少顾客会在下一季度采买，明日航班着陆的数量，多少顾客将续买保险，等等。

另一方面，假设要预测某顾客是否会流失，某项信用卡交易是否造假，价格是否会上升，这些都是二分类问题。如果分类大于二，则是多分类问题。例如，如果要预测某个机器的下一状态——运行、停止或暂停，可采用多分类问题来解决。分类算法的输出可以是概率值，因此假如要确定输入交易是否具有欺诈性，分类算法可生成 0~1 的概率值判断该交易具有欺诈性或真实性。

有几种监督学习算法：

- 回归问题的线性回归
- 分类问题的逻辑回归
- 回归和分类问题的决策树

- 回归和分类问题的随机森林
- 回归和分类问题的 SVM

还有其他很多算法,如 k 最近邻、朴素贝叶斯、线性判别分析(LDA)等。神经网络也可用于分类和回归任务。本书将详细研究上述所有算法,也会开发 Python 解决方案。

提示　一般业务实践中会比较 4 种或 5 种算法的准确度,在生产中的实现则选择其中最佳的机器学习模型。

我们已经研究了监督学习算法的定义和几个示例,现在讨论监督学习问题中的步骤。建议你适应这些步骤,因为整本书会多次沿用它们。

1.4.2　监督学习算法步骤

前面讨论过机器学习项目中的步骤,这里专门研究监督学习算法的步骤。数据质量、完整性和稳健性原则适用于监督问题的每个步骤。

要解决监督学习问题就要遵循图 1-15 中所示的步骤。值得注意的是,这是个迭代的过程,反复多次揭示某些洞察结果提示返回上一步,或认识到早先认为有用的属性不再有效。这些迭代是机器学习的重要部分,对于监督学习也是一样的。

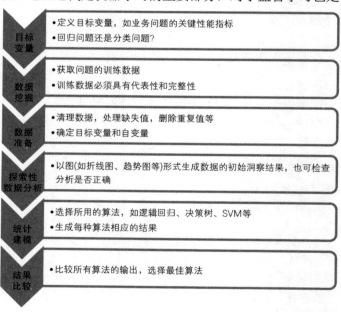

图 1-15　监督学习算法所遵循的主要步骤:从变量定义到模型选择

步骤 1：解决监督学习问题时需要具有目标变量和自变量。目标变量的定义是解决监督学习问题的核心，为其做错误定义可能会反转结果。

例如，为检测所收到的邮件是否垃圾邮件找到解决方案，训练数据中目标变量可以是"垃圾邮件类别"。如果垃圾邮件类别为 1，则邮件为垃圾邮件；如果为 0，则不是垃圾邮件。这个示例中模型的输出是收到邮件是否垃圾邮件的概率值，概率值越高，则邮件为垃圾邮件的可能性越高。

这一步中一旦确定了目标变量，就可确定是不是回归或分类问题。如果是分类问题，则进一步深入识别这是二分类还是多分类问题。

步骤 1 结束时具有定义了的目标变量和是否为回归或分类问题的判定。

步骤 2：识别模型的训练数据。该步骤中必须坚持有关于数据质量的最佳原则。训练数据包括自变量和目标变量，来源于所有潜在的数据源，应具有足够的代表性以便从所有时间段中捕获变化，确保完整性。

步骤 3：该步骤中为统计建模准备数据。数据常常是不整洁的，包含很多异常数据，需要找出数据中的空值、不可用的值、非数值、重复值等。日期域中还可能发现字符串值，名称可能包含整数等，因此必须清理所有数据。这个阶段中要识别目标变量，也要确定自变量。自变量可以是分类或连续变量。同样，目标变量既可以是分类的，也可以是连续的。

本步骤还涉及创建新的派生变量，如平均收益、最长有效时间、不同的月份等。

步骤 4：探索性分析是从数据中生成了初始洞察结果后的下一步骤，生成自变量分布及变量之间的相互关系、各种关联性、散点图、趋势等，能很好地理解数据。这一步中也常创建很多新变量。

步骤 5：现在进行统计建模。从一系列监督学习算法中首先创建一个模型，然后使用后续的算法。通常根据问题陈述和经验决定要使用的算法，生成不同方法的准确度图表。

训练该算法时遵循下面的步骤。

(1) 整个数据按照 60∶20∶20 的比例分成测试、训练和验证数据集。有时按照 80∶20 的比例分为训练和测试数据。

(2) 如果原始数据(如图像)数量很大(100 万)，有些研究建议 98%为训练数据集、1%为测试数据集和 1%为验证数据集。

(3) 三个数据集都应始终从原始数据中随机采样，无偏差的选择是非常必要的。因为如果测试或验证数据集不能真正代表训练数据，则无法正确地度量有效性。

(4) 然而可能存在无法避免采样偏差的情况。例如，要为需求预测的解决方案建模，则会使用历史时间段中数据训练该算法，创建训练和测试数据集时会使用时间维度。

(5) 训练数据集用于训练算法，自变量作为指导因子，而目标变量需要进行预测。

(6) 测试数据集用于比较测试准确度，测试/验证数据在训练阶段不会用于该算法。

(7) 要注意的是，测试准确度比训练准确度重要得多。由于算法应能够更好地概括未见数据，因此着重点在于测试准确度。

(8) 有些情况下准确度不是想要最大化的关键性能指标。例如，创建解决方案用于预测一条信用卡交易是不是欺诈时，准确度不是目标的关键性能指标。

(9) 模型开发过程中要将各种输入参数迭代到模型中，称为"超参数"。超参数调整是为了获得最佳和最稳定的解决方案。

(10) 最终确认网络/算法并完成调整之后，验证数据集应仅应用于算法一次。

步骤 6：该步骤与步骤 4 中生成的各种准确度进行了对比，最终的解决方案即是本步骤的输出。随后与行业专家讨论，并在生产环境中实施。

这就是监督学习算法的主要步骤，在第 2~4 章中将详细研讨这些解决方案。

提示 如归一化等预处理步骤仅针对训练数据，而不用于验证数据集，以此避免数据丢失。

这里关于监督学习算法的讨论就已结束，是时候关注其他类型的机器学习算法了，下一个是无监督学习。

1.5　无监督学习算法

现在已知监督学习算法有一个需要预测的目标变量，而无监督学习算法没有任何预标记数据，因此无监督学习算法要寻找的是数据中未被检测到的模式。这是监督学习和无监督学习算法的关键差别。

例如零售商营销团队可能要改善客户黏性和顾客终生价值、增加客户平均收益并通过市场营销活动改善目标市场。如果客户能划分为类似的聚类，这种方法会非常有效。可采用无监督学习算法解决这个问题，无监督分析主要分为聚类分析和降维技术，如主成分分析(PCA)。这里先讨论聚类分析。

1.5.1　聚类分析

最著名的无监督学习应用程序是聚类分析。聚类分析基于数据中可见的相似模式和共同属性对数据进行分类。相似模式可以是都存在或都不存在相似的特征。值得注意的是，我们是没有任何基准点或已标记数据作为指南的，因此该算法是发现模式。前面讨论的示例就是采用聚类分析的客户细分案例。零售商客户具有产生的收益、发票数量、购买不同产品、在线/离线比率、访问商店的数量、上次交易日期等属性，用向量空间图可视化客户时，就如图 1-16(i)所示。基于相似性对客户聚类后，数据如图 1-16(ii)所示。

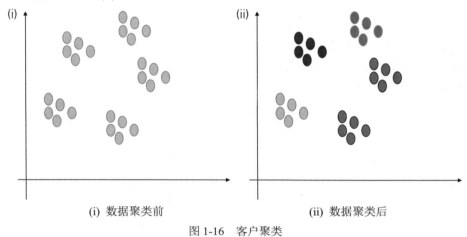

(i) 数据聚类前　　　　　　(ii) 数据聚类后

图 1-16　客户聚类

还有一些可用的聚类算法：k 均值聚类、层次聚类、DBScan、光谱聚类等。其中最著名和广泛应用的聚类算法是 k 均值聚类。

1.5.2　PCA

机器学习和数据科学致力于从随机性中找出意义，从随机数据源中收集洞察结果。回顾一下对监督学习算法的讨论和图 1-9，其中所表示的最佳拟合线，也就是得到数据中所存在的最大随机性的数学公式，是采用各种属性或自变量捕获的随机性。但如果有 80 或 100 或 500 个这样的变量，那么其是不是一项很繁杂的任务呢？PCA 可以提供帮助。

参见图 1-17。两个主成分 PC1 和 PC2 相互正交，可获取数据中的最大随机性，这就是 PCA。

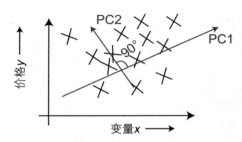

图 1-17　主成分 PC1 和 PC2 获取数据中最大随机性。PCA 是很流行的降维技术

　　PCA 通过能够获取最大变化的一个主成分来定义数据中的随机性。下一主成分与第一主成分成正交，即可获得最大变化，以此类推。因此，PCA 作为降维解决方案用的是主成分，而不是所有属性。

　　现在研究机器学习的半监督学习方法。

1.6　半监督学习算法

　　半监督学习算法可视为监督学习算法和无监督学习算法的组合，或者介于两者之间。当有少量标记数据和大量未标记数据时，半监督学习算法对于解决问题是有帮助的。

　　半监督学习假设属于同一聚类或集群的数据点趋向于具有相同的标签，与 k 均值聚类等无监督学习算法分享输出聚类结果后，使用标签数据可进一步提高数据质量。

　　半监督学习算法用于没有生成标签的数据或标签目标变量的过程既耗时又昂贵的案例。生成模型、基于图的方法和低密度分离是半监督学习算法使用的一些方法。

　　对机器学习算法主要方法的讨论到此告一段落，还有例如基于关联规则的市场购物篮分析、强化学习等的其他方法，建议也加以了解。

　　下一部分将介绍可用的技术工具列表，有助于进行数据管理、数据分析、机器学习和可视化。

1.7　技术栈

　　工具是数据科学和机器学习不可分割的部分，数据管理、数据挖掘、数据分析和构建实际的机器学习模型都需要工具。

下面是各种实用程序、语言和工具的简要列表。

- 数据工程：Spark、Hadoop、SQL、Redshift、Kafka、Java、C++
- 数据分析：Excel、SQL、Postgres、MySQL、NoSQL、R、Python
- 机器学习：SAS、R、Python、Weka、SPSS、MATLAB
- 可视化：Tableau、PowerBI、Qlik、COGNOS
- 云服务：Microsoft Azure、Amazon Web Services、Google Cloud Platform

这些工具或工具组合可应用于整个项目，从数据管理和数据挖掘到机器学习和可视化。

提示　以上所有工具都效果良好并会产生相似的结果。工具的选择通常是考虑是否开源、是否正版或解决方案的可扩展性。

这些工具是项目的构建基础，对每种组件都有一定程度的了解，有助于领会数据科学项目的方方面面。

选择机器学习工具时，为达到最佳解决方案，需要考虑以下参数。

- **部署简便**：在生产环境中部署模型的简便性
- **可扩展性**：解决方案能否扩展到其他产品和环境
- **维护和模型刷新**：定期维护和刷新模型的简便性
- **速度**：做预测的速度，有时要求实时预测
- **成本**(要求具备许可和工时)：需要的许可费用和人工
- **可用支持**：团队可提供什么支持，例如因为 MATLAB 要求获得许可，MATLAB 团队才会扩展其支持，而 Python 是开源的，不具有像 MATLAB 这样的支持系统

建议至少对其中一两种工具有所了解。SQL 和 Microsoft Excel 无处不在，因此建议对其进行了解。而 Python 是机器学习和人工智能的领先工具，随着像 TensorFlow 和 Keras 这样的深度学习框架的发布，Python 形成了庞大的用户群，本书也将只使用 Python。

现在已接近第 1 章的结尾，将在下一节讨论商业中经常使用机器学习的原因。

1.8　机器学习的普及性

机器学习算法的优点在于其解决棘手复杂问题的能力，人类仅仅能同时可视化少量几个维度，而采用机器学习算法则不仅能可视化和分析多维度，也能轻松发现趋势和异常。

使用机器学习还能处理复杂数据，如难于分析的图像和文本。机器学习，特别是深度学习可以创造自动解决方案。

下面是在机器学习普及中起重要作用的因素。

- **商业利益**：目前企业和利益相关者对利用数据能力及实施机器学习重新产生了兴趣，在机构中设立数据科学部门，并有专门的团队引领讨论各种过程，也见证了进入这一领域初创企业数量的激增。
- **计算能力**：与几十年前比，现在的计算能力强大且廉价。GPU 和 TPU 使得计算更快，拥有存储万亿字节数据的存储库，基于云的计算使其过程更快，现有的 Google Colaboratory 可使用其优异的计算能力运行各种代码。
- **数据爆炸**：可用的数据量呈指数级增长。随着更多社交媒体平台、交互的出现，这个世界越来越走向线上和虚拟，产生出跨领域的数据量。目前越来越多的业务和过程捕获各种基于时间的属性、创建系统动态和虚拟化获取各种数据点。更多的结构化数据存储于 ERP、SAP 系统中，更多的视频上传至 YouTube，照片上传至 FaceBook 和 Instagram，而文本新闻则全球流转——所有都指向已生成并准备好进行分析的 ZB(2^{70} 字节)级别的数据。
- **技术优势**：目前已有更复杂的统计算法，深度学习正不断突破极限。数据工程得到了极大的重视和付出，并随着新兴技术的不断发展而持续提高系统的效率和准确性。
- **人力资本的可用性**：人们对掌握数据科学和机器学习越来越感兴趣，因此数据分析师和数据科学家的数量也在增加。

这些因素使机器学习成为最受欢迎的新兴技术之一。事实上，机器学习在各个领域和过程中都取得了惊人的成果，下一节将列出一些重要成就，对机器学习的使用进行讨论。

1.9　机器学习使用案例

机器学习的应用跨越了各种领域和业务。这里分享几个在行业中已经实施的案例，下面的列表并不详尽，仅列举出其中一些。

- **银行业、金融服务和保险业(BFSI)**：BFSI 行业在实施机器学习和人工智能方面非常先进，价值链中处处实施了多种解决方案，下面列举一些例子。
  - 信用卡诈骗检测模型用于将信用卡交易分类为欺诈性或真实性，也有基于规则的解决方案，但机器学习更强化了其能力。这里可采用监督分类算法。

- 交叉销售和追加销售产品允许银行和保险公司增加客户对产品的所有权。无监督聚类可用于细分客户，然后进行有针对性的市场营销活动。
- 提高客户终身价值并增加业务的客户保留率。客户倾向模型可采用监督分类算法构建。
- 监督分类算法也可识别潜在保险违约人员。

- **零售**：杂货、服装、鞋子、手表、珠宝、电子零售等以多种方式对数据科学和机器学习进行利用。下面是几个示例。
  - 采用无监督学习算法进行客户细分以增加客户参与度。通过有针对性、定制的市场营销活动提高客户收益和交易数量。
  - 采用监督回归方法进行需求预测，从而做出更好的规划。也可以开发定价模型智能地为货品定价。
  - 采用机器学习进行库存优化，使得效率提升、总成本降低。
  - 客户流失倾向模型可预测未来几个月内哪些客户会流失，从而采取积极措施挽留客户以避免流失。监督分类算法有助于该模型的创建。
  - 供应链优化可采用数据科学和机器学习优化库存。

- **电信**：电信行业也不例外，在数据科学和机器学习的使用方面处于领先。下面是几个案例。
  - 采用无监督学习算法进行客户细分，提升每用户平均收益(average revenue per user)和访客位置登记(visitor location register)。
  - 使用监督分类算法的客户流失倾向模型可以提高客户保留率。
  - 采用数据科学和机器学习算法完成网络优化。
  - 产品推荐模型根据客户使用情况和行为向客户推荐下一最佳预测结果和下一最佳报价。

- **制造业**：制造业的每个过程都产生很多数据。下面是使用数据科学和机器学习的一些案例。
  - 采用监督学习算法完成预见性维护，可避免机器故障并采取积极行动。
  - 实施需求预测实现更好的规划和资源优化。
  - 流程优化识别瓶颈并降低开销。
  - 采用监督学习算法预测工具及其组合应用，从而产生最好的识别结果。

还有其他很多领域和途径实施了机器学习，如航空、能源、公用设施、卫生保健等。人工智能正开启各种新功能，通过呼叫中心实现语音到文本的转换、监控中进行对象检测和追踪、完成图像分类以识别制造中的缺陷工件、脸部识别用于安保系统和人群管理等。

机器学习是功能强大的工具，应谨慎使用。机器学习有助于自动化很多过程并大大增强我们的能力。

第 1 章到此结束，下面进入小结部分！

1.10　小结

数据正改变人们的决策过程，越来越多的业务决策是受数据驱动的，市场营销、供应链、人力资源、定价和产品管理——没有未被触及的业务过程。数据科学和机器学习使决策变得轻松。

机器学习和人工智能正快速地改变着世界，更为严密地检测趋势、检测出异常、发出警告、见证正常过程中的偏差及采取预防性措施。预防性措施可以节省成本、优化过程、节省时间和资源，某些情况下还能拯救生命。

有必要确保可使用的数据质量的良好性，数据的质量定义了该模型的成功因子。同样，工具常常在最终的成功或失败中起重要作用，机构会因为具有使用新工具的灵活性和开放性而备受推崇。

设计数据库、概念化业务问题或最终确定团队以交付解决方案时，也有必要采取适当的预防性措施，这需要有条理的过程和对业务领域的深刻理解。业务过程中所有人和行业专家应是团队不可分割的一部分。

在本章中已讲解了各种机器学习、数据和数据质量属性及机器学习过程，帮助你获得数据科学领域的重要知识。这里还介绍了各种机器学习算法、各算法的应用案例及如何用于解决各种业务问题。本章是下一章的基础和敲门砖。下一章将着重于讲解监督学习算法，从回归问题入手，讨论各种回归算法及其数学实现、优缺点及 Python 实现。

你应能够回答以下问题。

练习题
问题 1：什么是机器学习？机器学习与软件工程的区别？
问题 2：有哪些可用的数据类型？什么是高质量数据属性？
问题 3：可用的机器学习算法类型有哪些？
问题 4：泊松分布、二项式分布和正态分布有什么区别？每种分布有哪些示例？

问题 5：监督学习算法有哪些步骤？

问题 6：机器学习应用于哪些领域？

问题 7：可用于数据工程、数据分析、机器学习和数据可视化的工具有哪些？

问题 8：为什么机器学习如此普及？有哪些明显的优势？

第 **2** 章

回归分析监督学习

"唯一能确定的只有不确定性。"

——老普林尼

未来肯定具有不确定性，我们所能做的就是进行计划，而周密的计划需要对未来有所展望。如果能事先知道预期的产品需求量，就可以充分生产，不会库存也不会缺货；如果知道预计货物运输量，就可以消除供应链中的瓶颈；如果知道预期的旅客流入量，机场就可以更好地规划资源；又或者电子商务门户网站，如果知道即将到来的销售季节有多少点击量，就可以为预期负载规划货物量。

虽然可能无法准确预测，但这些数值确实需要进行预测。我们会采用基于机器学习(ML)的预测性建模或其他方式，来规划财务预算、配置资源、发布指南、预期增长率等。因此，这些数值的估算至关重要，第 2 章中将讲解用于预测这些数值的精确概念。

第 1 章中介绍了监督学习，讨论了监督学习、无监督学习和半监督学习的差异，还讨论了两种类型的监督学习算法：回归和分类。在第 2 章中将讲述监督回归算法更为深入的概念。

本章将分析回归过程、训练模型的方式、后台过程及所有算法的执行，介绍算法假设、利弊和每种算法的统计背景，将编写各种算法的 Python 代码。将在 Python 环境中，讨论数据准备、数据预处理、变量创建、训练测试分割、机器学习模型拟合、重要变量获取及精度测量的步骤。代码和数据集上传到 GitHub 存储库，以便访问，建议你自行复制代码。

2.1　所需技术工具包

本书中使用 Python 3.5 或更高版本。建议在电脑上安装 Python 软件，本书使用 Jupyter Notebook 应用程序；执行代码需要安装 Anaconda Navigator。所有数据集和代码已上传至 Github 存储库，网址为 https://github.com/Apress/supervised-learning-w-python/tree/master/ Chapter2，便于下载和执行。

使用的主要函数库有 numpy、pandas、matplotlib、seaborn、scikit learn 等，建议在 Python 环境中安装这些库。

下面详细讲解回归分析及各种概念。

2.2　回归分析及案例

回归分析用于估计连续变量。回顾一下，连续变量可以是任意数值的变量，如销售额、降雨量、客户量、交易数量等。如果想估计下个月的销售额、下周到访车站的旅客人数，或下周有多少客户进行银行交易，就可使用回归分析。

简单而言，如果要采用监督学习算法预测一个连续变量的值，可使用回归方法。回归分析是解决商业问题和制定决策的核心。预测值有助于利益相关者相应地分配资源，为预期的业务增加/减少做计划安排。将列举以下案例对回归算法进行阐述。

(1) 零售商要估算即将到来的销售季可以期待的客户量。根据估算，企业可规划货物库存量、需要的员工人数、需要的资源等来满足需求。回归算法有助于做出该种估算。

(2) 一家制造厂正在做年度预算计划。作为计划的一部分，不同项目的花费，如电、水、原材料、人力资源等，必须根据预期需求量进行估算。回归算法有助于评估历史数据并为业务生成估算值。

(3) 一家房地产经纪公司希望增加客户来源，一个重要属性是能恰当地确定公寓价格。该公司要想分析影响房地产价格的各种参数，可通过回归分析来进行。

(4) 一家国际机场希望改善规划并评估下一个月的预期流量，使其团队保持最佳服务质量。回归分析在这方面可以有所帮助，估算出乘客数量。

(5) 向客户提供信用卡的银行必须确定要给新客户提供多少信用额度。根据客户详细信息，例如年龄、职业、月薪、支出、历史记录等，可指定信用额度。监督回归算法将有助于做出该项决定。

有很多统计算法可以为回归问题建模，下面列出主要算法：

- 线性回归
- 决策树
- 随机森林
- SVM
- 各种贝叶斯方法
- 神经网络

本章中学习前三种算法，其余的将在第 4 章中学习。在下一节开始线性回归的学习。

2.3　什么是线性回归

回顾第 1 章中使用面积、卧室数量、阳台数量、位置等讨论房价的部分。图 2-1(i)代表向量空间图中的数据表示，而图 2-1(ii)中建议使用称为最佳拟合线的机器学习公式解释数据的随机性并预测价格。

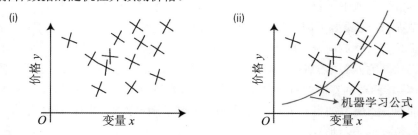

图 2-1　(i)向量空间图中的数据描述了价格如何依赖于各种变量。(ii)称为最佳拟合线的机器学习
回归公式用于在这里建立关系模型，用于对未见数据集做未来预测

在前面的示例中，假设价格与房屋大小、卧室数量等相关。上一章中讨论了相关性，这里重新整理了相关性的一些观点：

- 相关分析用于测量两个变量之间的关联强度(线性关系)。
- 如果两个变量朝同一方向移动，则它们是正相关的。例如，身高与体重成正比关系。如果两个变量朝相反的方向移动，则它们是负相关。例如，成本和利润是负相关。
- 相关系数的范围为 - 1~ + 1。如果值为 - 1，则为绝对负相关；如果它是+1，相关性是绝对正相关。

● 如果相关性为 0，则表示没有太多关系。例如鞋子和计算机具有低相关性。

线性回归分析的目的是测量这种关系并得出这种关系的数学公式。该关系可用于预测未见数据点的值。例如房价问题中预测房价就会成为分析的目标。

正式地讲，线性回归是基于至少一个自变量的值预测一个因变量的值，还说明了自变量的变化对因变量的影响。因变量也称为目标变量或内生变量，而自变量也称为解释变量或外生变量。

线性回归已经存在很长时间了，也有很多其他高级算法(其中一些算法将在后续章节中讨论)线性回归仍得到广泛使用。线性回归可充当基准模型，通常是学习监督学习的第一步。建议在学习高级算法之前，先仔细研究线性回归。

假设有一组 x 和 Y 的观测值，其中 x 是自变量，Y 是因变量。公式 2-1 描述 x 和 Y 之间的线性关系：

$$Y_i = \beta_0 + \beta_1 x_i + \varepsilon_i \qquad \text{(公式 2-1)}$$

其中：

Y_i 为要预测的因变量或目标变量；

x_i 为自变量或用于预测 Y 值的预测变量；

β_0 为总体 Y 截距，表示当 x_i 的值为 0 时 Y 的值；

β_1 为总体斜率系数，表示 x_i 的单位变化导致预期的 Y 值变化；

ε_i 为模型中的随机误差项。

有时，β_0 和 β_1 被称为总体模型系数。

在前面的公式中，认为 Y 的变化是由 x 的变化引起的。因此，可使用公式预测 Y 的值。数据的表示形式和公式 2-1 如图 2-2 所示。

模型系数(β_0 和 β_1)起着重要作用，当自变量值为 0 时，Y 的截距(β_0)为因变量的值，即因变量的默认值。斜率(β_1)是方程式的斜率，是随 x 值单位变化而变化的预期 Y 值，衡量了 x 对 Y 值的影响。β_1 的绝对值越高，则最终影响越大。

图 2-2 还显示了各预测值，对于第 i 个观测的 x_i 值，因变量的实际值为 Y_i 且预测值或估计值为 $\hat{Y}_i$。

这还有一个术语：随机误差，表示为 ε。估算后，要想知道完成得如何，即预测值与实际值相差多远，则用随机误差表示，即 Y 的预测值和实际值之差，由 $\varepsilon_i = (\hat{Y}_i - Y_i)$ 给出。请注意，此误差的值越小，预测越好，这非常重要。

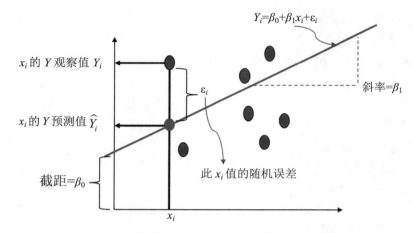

图 2-2   图上所描绘的线性回归方程显示了截距、斜率以及
目标变量的实际值和预测值；斜线显示最佳拟合线

这里还有一个重要的问题需要考虑，有几条线都可以代表关系。例如，房价预测问题中可使用许多公式确定关系，在图 2-3(ii)中由不同的颜色表示。

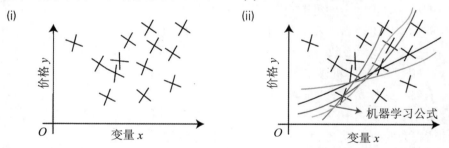

图 2-3   (i)向量空间图中数据描述价格如何依赖于各种变量。(ii)在尝试为数据建模时可以
有多个可以拟合的线性方程，但目的是找到手头数据最小损失的公式

因此，证明必须找出最佳数学公式使随机误差最小，然后才用于预测，这可以在回归算法的训练期间完成。在训练线性回归模型的过程中，得到的 β_0 和 β_1 值将使误差最小化并可用于生成预测。

线性回归模型对使用的数据做了假设，这些条件是试金石，可以检查分析的数据是否符合要求。而数据经常是不符合假设的，因此必须采取改善措施使数据更符合假设，下面对这些假设进行讨论。

线性回归的假设

线性回归有些需要满足的假设，需要检查这些条件并根据结果决定下一步。

(1) 线性回归需要因变量和自变量的关系为线性，由于线性回归对离群值敏感，因此检查离群值非常重要，最好用散点图测试线性假设。从图 2-4 可看出线性与非线性的含义。

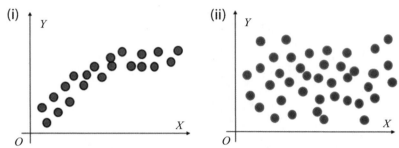

图 2-4　(i) X 和 Y 之间具有线性关系。(ii) X 和 Y 变量之间关系不大，这种情况下很难为该关系建模

(2) 线性回归要求所有自变量服从多元正态分布，可采用直方图或 Q-Q 图检测该假设，通过拟合度测试(例如 Kolmogorov-Smirnov 检验)检验正态性。如果数据是非正态分布，则非线性变换(如对数变换)有助于解决这个问题。

(3) 第三个假设是数据中很少或没有多重共线性。当自变量相互高度相关时，就会增加多重共线性，可采用三种方法测试多重共线性。

a. 相关性矩阵：这种方法测量所有自变量之间的皮尔逊二元相关系数，值越接近于 1 或 - 1，相关性越高。

b. 公差：仅在回归分析过程中能得出公差，公差测量一个自变量如何影响其他自变量，由 $1-R^2$ 表示，下一节将讨论 R^2。如果公差值小于 0.1，则数据中有多重共线性的可能。若公差小于 0.01，则可确定多重共线性确实存在。

c. 方差膨胀因子(VIF)：VIF 可定义为公差的倒数 $(1/T)$。如果 VIF 的值大于 10，则数据中可能有多重共线性；如果大于 100，则可确定多重共线性确实存在。

提示　数据中心化(每个分值减去平均值)有助于解决多重共线性问题，在第 5 章中会对其进行详细研究。

---

(4) 线性回归假设数据中很少或没有自相关性。自相关性意味着残差相互不独立。自相关数据最好的示例是时间序列数据，如股票价格，T_{n+1} 股票价格取决于 T_n。用散点图检测自相关性时可使用 Durbin-Watson 的 "d-test" 检测自相关性，其零假

设为残差无自相关性，如果 d 值为 2 左右，则无自相关性。一般地讲，d 可以是 0 和 4 之间的任意值，而依据经验法则 1.5<d<2.5 意味着数据中无自相关性。但 Durbin-Watson 测试有一个问题，由于该方法仅分析线性自相关且仅分析直接相邻数据之间的关系，因此很多情况下散点图就可以满足目的。

(5) 线性回归问题的最后一个假设是同方差性，即残差在回归线上相等。散点图用于检测同方差性，异方差性则可采用 Goldfeld-Quandt 测试。该测试将数据分为两组，然后检测两组间残差方差是否相似。图 2-5 为残差不具有同方差性的示例，该示例中可进行非线性修正来解决这个问题。如图 2-5 所示，异方差性导致残差图中明显的圆锥形状。

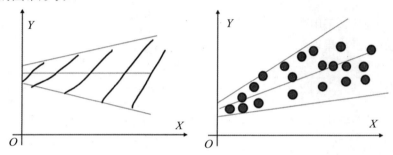

图 2-5　数据集中存在异方差性，因此残差散点图具有圆锥状

这个假设的检测是至关重要的，常常需要变换数据并做清理。由于希望解决方案能起很好的作用且具有良好的预测准确性，这就非常必要。准确的机器学习模型具备低损失特点，那么针对机器学习模型的准确度度量过程是基于目标变量的，且分类和回归问题的度量方式也是不同的。本章将讨论基于回归的模型，下一章则研究分类模型的准确度度量参数。下面研究回归问题准确度度量这个重要主题。

2.4　度量回归问题的有效性

有不同的方式度量回归问题的健壮性，普通最小二乘法(Ordinary least-squares，OLS)是其中最常使用和引用的方法。该方法通过找到 β_0 和 β_1 各自使 Y 和 $\hat{y}$ 之间距离的平方之和最小化的值，Y 和 $\hat{y}$ 即是图 2-6 中所示因变量的实际和预测值。这指的就是损失函数，意思是进行预测时发生的损失，也就是要最小化该损失以获得最佳模型，误差也指残差。

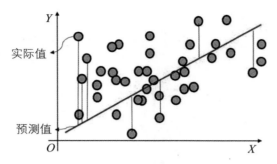

图 2-6　目标变量实际值和预测值之间的偏差。这是进行
预测时产生的误差，最佳模型的误差应最小化

重点：为什么采用误差的平方？理由是如果不采用误差的平方，则正负项会相互抵消。例如，如果误差 1 是 +2 且误差 2 是 - 2，则净误差为 0!

从图 2-6 中我们可以推导出以下结论。

$$
\begin{aligned}
最小误差平方和 &= \min \sum_{i=1}^{n} \mathrm{e}_i^2 \\
&= \min \sum_{i=1}^{n}(Y_i - \hat{Y}_i)^2 \qquad\qquad (公式\ 2\text{-}2) \\
&= \min \sum_{i=1}^{n}[Y_i - (\beta_0 + \beta_1 x_i)]^2
\end{aligned}
$$

估算斜率系数为

$$
\beta_1 = \frac{\sum_{i=1}^{n}(x_i - \overline{x})(y_i - \overline{y})}{\sum_{i=1}^{n}(x_i - \overline{x})^2} \qquad\qquad (公式\ 2\text{-}3)
$$

估算截距系数为

$$
\beta_0 = \overline{y} - \beta_1 \overline{x} \qquad\qquad (公式\ 2\text{-}4)
$$

要注意的一点是，回归线始终会穿过 x 和 y 的平均值 $\overline{x}$ 和 $\overline{y}$。

根据前面的讨论可研究变化的测量，总变化有两部分，可用下面的公式表示：

$$
\begin{array}{ccccc}
\text{SST} & = & \text{SSR} & + & \text{SSE} \\
平方总和 & = & 回归平方总和 & + & 误差平方总和
\end{array}
$$

$$
\text{SST} = \sum_{i=1}^{n}(y_i - \overline{y})^2, \quad \text{SSR} = \sum_{i=1}^{n}(\hat{Y}_i - \overline{y})^2, \quad \text{SSE} = \sum_{i=1}^{n}(y_i - \hat{Y}_i)^2
$$

其中：$\overline{y}$ 为因变量平均值；

Y_i 为因变量观察值；

$\hat{Y}_i$ 为给定 x_i 值的 y 预测值。

前面公式中的 SST 为平方总和，测量平均值 $\overline{y}$ 周围的 y_i 变化；SSR 为回归平方和，为归因于 x 和 y 之间线性关系的可解释变化；SSE 是误差平方总和，为归因于 x 和 y 之间线性关系以外因素的变化。图 2-7 有助于理解这个概念。

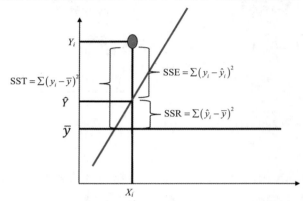

图 2-7　SST = 平方总和，SSE = 误差平方总和，SSR = 回归平方总和

前面讨论的概念为研究各种度量和参数检查回归模型的准确性奠定了基础，下面讨论这些概念。

(1) 平均绝对误差(MAE)：顾名思义，这是公式 2-5 中所示目标变量的实际值和预测值之间的绝对差值的平均值。

$$平均绝对误差 = \frac{\sum\left(\left|\hat{Y}_i - y_i\right|\right)}{n} \qquad (公式\ 2\text{-}5)$$

MAE 值越大，则模型中误差越大。

(2) 平均平方误差(MSE)：公式 2-6 所示实际值和预测值之间的差值。与 MAE 相似，MSE 越高意味着模型中误差越大。

$$平均平方误差 = \frac{\sum\left(\left|\hat{Y}_i - y_i\right|\right)^2}{n} \qquad (公式\ 2\text{-}6)$$

(3) 均方根误差：平均误差平方的平方根，由公式 2-7 表示。

$$均方根误差 = \sqrt{\frac{\sum\left(\left|\hat{Y}_i - y_i\right|\right)^2}{n}} \qquad (公式\ 2\text{-}7)$$

(4) R 平方(R^2)：表示模型解释了多少数据中的随机性，换句话说，模型能从数据的总变化中解密多少信息。

$$R^2 = SSR/SST$$

R^2 会始终在 0 和 1 或 0% 和 100% 之间。R^2 值越高越好。可视化 R^2 的方式如图 2-8 和图 2-9 所描述。在图 2-8 中 R^2 的值等于 1，指 Y 值的变化 100% 可由 x 解释。图 2-9 中的左一、左二图中 R^2 的值在 0 和 1 之间，表示模型可以解释一些变化。图 2-9 中的右图中 $R^2=0$，表明模型不能解释任何变化。在正常商业场景中得到的 R^2 在 0 和 1 之间，表示模型可以解释变化的一部分。

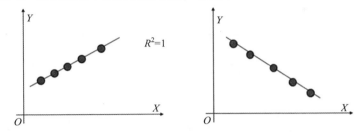

图 2-8　R^2 等于 1 表示自变量值中 100% 的变化由回归模型解释

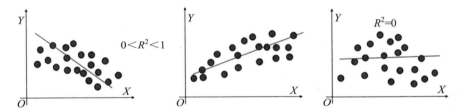

图 2-9　如果 R^2 的值在 0 和 1 之间，则模型可解释部分的变化。如果值为 0；则回归模型不能解释任何变化

(5) 伪 R^2：扩展了 R^2 的概念，如模型中包含无关紧要的变量，则会对该值进行惩罚，如图 2-8 所示计算伪 R^2：

$$R_{伪}^2 = \frac{\dfrac{1-\text{SSE}}{(n-k-1)}}{\dfrac{\text{SST}}{(n-1)}}$$

(公式 2-8)

其中：n 为样本大小；k 为自变量的个数。

采用 R^2 可测量模型中解释的所有随机性，但如果模型包含所有自变量，包括所有无关紧要的变量，则不能断言该模型是可靠的。因此，可以说 $R_{伪}^2$ 是一种更好的表示方法，可用来衡量模型的稳健性。

提示　R^2 和 $R_{伪}^2$ 之间更偏向于使用 $R_{伪}^2$，该值越高则模型越好。

至此，我们已清楚回归模型的假设以及如何衡量回归模型的性能。现在研究线

性回归的类型,然后开发 Python 解决方案。

线性回归可以两种格式研究:简单线性回归和多线性回归。

简单线性回归:顾名思义,简单线性回归很容易理解和使用,仅使用一个自变量预测目标变量的值。如在前面的示例中,如果仅有房屋面积作为自变量预测房价,就是简单线性回归的示例。样本数据仅有面积,则房价显示如表 2-1 所示。

表 2-1   面积与房价数据

面积/平方英尺	房价/1000 美元
1200	100
1500	120
1600	125
1100	95
1500	125
2200	200
2100	195
1410	110

图 2-10 显示了表 2-1 中数据的散点图。

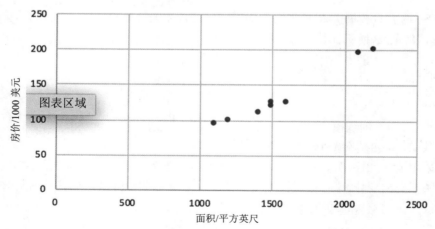

图 2-10   房价和面积数据的散点图

可以用公式 2-9 表示数据。

$$房价 = \beta_0 + \beta_1 \times 面积 \qquad\qquad (公式\ 2\text{-}9)$$

其中房价为 Y(因变量)，面积为 x (自变量)。简单线性回归的目标可估算 β_0 和 β_1 的值，即可预测房价的值。

如果进行回归分析，将获得系数 β_0 和 β_1 各自的值为 - 28.07 和 0.10。后面将用 Python 运行代码，下面先解释含义。

(1) β_0 值为 - 28.07 指平方英尺为 0 时房价为 - 28 070 美元。由于不可能有一套面积为 0 的房子，因此 β_0 只表明对于所观察到的、在面积范围内的各种房屋而言，28 070 美元是房价中没有用面积来解释的那一部分。

(2) β_1 值为 0.10，表示平均每增加一平方英尺的面积，房屋的平均价值增加 0.1 × 1000=100 美元。

线性回归有一个重要的局限性，不能用线性回归完成超出训练中所用变量极限的预测。例如，前面的数据集中无法对 2200 平方英尺以上和 1100 平方英尺以下面积的房价使用模型进行预测，因为没有为这些值训练模型。因此该模型仅适用于最小和最大限值之间的值，前面的示例中有效范围为 1100 平方英尺~2200 平方英尺。

现在是时候去实验室使用 Python 中的数据集解决问题了。我们采用了 Python，下面是 Python 代码中的一些重要属性，将会在训练数据、设置参数及做预测时使用。

- 常见的超参数
  - fit_interceprt：如果要计算模型的截距，则会使用这个参数，如果数据中心化就不需要计算截距。
  - 归一化：通过减去均值后除以标准偏差实现 X 的归一化。
  - 先对数据进行标准化，再由模型处理后，系数可说明特征的重要性。
- 常见属性
  - 系数是每个自变量的权重。
  - 截距是线性模型独立项的偏差。
- 常见函数
  - fit：训练模型。以 X 和 Y 为输入值，训练模型。
  - predict：模型训练后给定 X，可使用预测函数预测 Y。
- 训练模型
  - X 应为数据的行，$X.\mathrm{ndim} == 2$。
  - Y 对于单一目标应是一维，超过一个目标应为二维。
  - 使用 fit 函数训练模型。

下面将为简单线性回归创建两个案例：第一个案例将生成简单线性回归问题；第二个案例解决简单线性回归问题。现在创建第一个案例。

2.4.1 案例 1：创建简单线性回归

通过生成一个数据集来创建一个简单线性回归，该代码段仅是热身练习，帮助你熟悉简单线性回归的最简单形式。

步骤 1：导入必需的函数库，将导入 numpy、pandas、matplotlib 和 sklearn。

```
import numpy as np
import pandas as pd
import matplotlib.pyplot as plt
%matplotlib inline
from sklearn.linear_model import LinearRegression
from sklearn.datasets import make_regression
```

步骤 2：创建用于回归的样本数据集。

```
X,Y = make_regression(n_features=1, noise=5, n_samples=5000)
```

前面代码中 n_features 是数据集中要具有的特征数量，n_samples 是要生成的样本数量。噪声是施加于输出的高斯噪声的标准偏差。

步骤 3：采用 matplotlib 库为数据绘图。xlabel 和 ylabel 为图提供轴标签。可使用下面的代码生成图 2-11。

```
plt.xlabel('Feature - X')
plt.ylabel('Target - Y')
plt.scatter(X,Y,s=5)
```

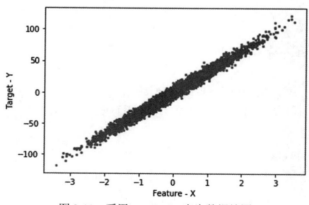

图 2-11　采用 matplotlib 库为数据绘图

步骤 4：初始化一个线性回归的实例。该实例变量的名称为 linear_model。

```
linear_model = LinearRegression()
```

步骤 5：拟合线性回归。输入自变量为 X，目标变量为 Y。

```
linear_model.fit(X,Y)
```

步骤 6：模型已完成训练，下面查看线性回归模型截距和斜率的系数值。

```
linear_model.coef_
linear_model.intercept_
```

截距值为 0.6759344，斜率为 33.1810。

步骤 7：用已训练的模型和 X 对值进行预测，然后为预测值绘图，结果如图 2-12 所示。

```
pred = linear_model.predict(X)
plt.scatter(X,Y,s=25, label='training')
plt.scatter(X,pred,s=25, label='prediction')
plt.xlabel('Feature - X')
plt.ylabel('Target - Y')
plt.legend()
plt.show()
```

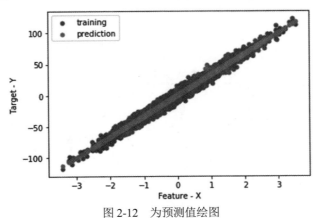

图 2-12　为预测值绘图

蓝色点代表实际目标数据的映射，橙色点代表预测值。

可见训练和实际预测值的接近程度，现在采用数据集为简单线性回归生成解决方案。

2.4.2 案例2：住宅数据集简单线性回归

我们有一个包含一个自变量(以平方英尺计的面积)的数据集，要用该数据集预测房价。本例还是简单线性回归的案例，即只有一个输入变量，代码和数据集已上传到本章开头共享的 Github 链接。

步骤 1：导入所有需要的库。

```
import pandas as pd
import numpy as np
import matplotlib.pyplot as plt
import seaborn as sns
%matplotlib inline
import warnings
warnings.filterwarnings(action="ignore", module="scipy",
message="^internal gelsd")
```

步骤 2：采用 pandas 函数加载数据集，结果如图 2-13 所示。

```
house_df= pd.read_csv('House_data_LR.csv')
```

提示　数据可能以.xls 或.txt 文档的形式出现。有时数据可通过连接数据库直接从数据库加载。

```
house_df.head()
```

	Unnamed: 0	sqft_living	price
0	0	1180	221900.0
1	1	2570	538000.0
2	2	770	180000.0
3	3	1960	604000.0
4	4	1680	510000.0

图 2-13　数据集

步骤 3：检查数据集中是否有任何空值出现。

```
house_df.isnull().any()
```

步骤 4：本例中"Unnamed(未命名)"变量没有意义，将该变量删除。

```
house_df.drop('Unnamed: 0', axis = 1, inplace = True)
```

步骤 5：删掉该变量后查看数据集的前几行，如图 2-14 所示。

```
house_df.head()
```

	sqft_living	price
0	1180	221900.0
1	2570	538000.0
2	770	180000.0
3	1960	604000.0
4	1680	510000.0

图 2-14　删除"Unnamed"变量后的数据集前几行

步骤 6：分离自变量和目标变量，为模型的建立准备好数据集。

```
X = house_df.iloc[:, :1].values
y = house_df.iloc[:, -1].values
```

步骤 7：此时将数据分离为训练集和测试集。

训练集/测试集分离：创建训练集和测试集涉及将数据库分别分离为互斥的训练和测试集，然后用训练集进行训练，用测试集进行测试。因为测试数据集不属于用于训练数据的数据集，因此能提供更准确的样本外评估准确性，对于真实世界中的问题而言更加实用。

这就意味着该数据集中每个数据点的输出结果是已知的，因此非常适合进行测试！而且由于该数据未用于训练模型，该模型对这些数据点的输出结果一无所知，因此从本质上讲是真正的样本外测试。这里的测试数据占 25%。

随机状态，顾名思义，用于初始化内部随机数生成器，而内部随机数生成器又决定分割训练/测试的比率。保持分割比率不变可复制出相同的训练/测试分割并验证输出结果。

```
from sklearn.model_selection import train_test_split
X_train, X_test, y_train, y_test = train_test_split(X, y,
test_size = 0.25, random_state = 5)
```

步骤 8：采用线性回归模型拟合数据。

```
from sklearn.linear_model import LinearRegression
simple_lr= LinearRegression()
simple_lr.fit(X_train, y_train)
```

步骤 9：模型已完成训练，用该模型对测试数据做预测。

```
y_pred = simple_lr.predict(X_test)
```

步骤 10：首先在训练数据上测试模型，尝试对训练数据做预测并可视化结果。可使用下面的代码生成图 2-15。

```
plt.scatter(X_train, y_train, color = 'r')
plt.plot(X_train, simple_lr.predict(X_train), color = 'b')
plt.title('Sqft Living vs Price for Training')
plt.xlabel('Square feet')
plt.ylabel('House Price')
plt.show()
```

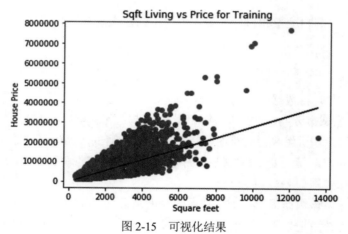

图 2-15　可视化结果

步骤 11：在测试数据上测试模型，是检测模型稳健性的正确度量方式。可使用下方代码生成图 2-16。

```
plt.scatter(X_test, y_test, color = 'r')
plt.plot(X_train, simple_lr.predict(X_train), color = 'b')
plt.title('Sqft Living vs Price for Test')
plt.xlabel('Square feet')
plt.ylabel('House Price')
```

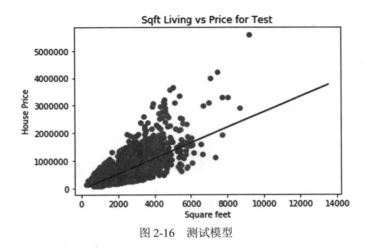

图 2-16　测试模型

步骤 12：现在确定预测的好与坏，要计算均方差和 R^2。可使用下方代码得到结果如图 2-17。

```
from sklearn.metrics import mean_squared_error
from math import sqrt
rmse = sqrt(mean_squared_error(y_test, y_pred))
from sklearn.metrics import r2_score
r2 = r2_score(y_test, y_pred)
adj_r2 = 1 - float(len(y)-1)/(len(y)-len(simple_lr.coef_)-1)*(1 - r2)
rmse, r2, adj_r2, simple_lr.coef_, simple_lr.intercept_
```

```
(257125.13804007217,
 0.5020612063135523,
 0.5020381653254589,
 array([281.4054356]),
 -45441.30813530844)
```

图 2-17　确定预测的好坏

步骤 13：对未可见值 x 做预测。

```
import numpy as np
x_unseen=np.array([1500]).reshape(1,1)
simple_lr.predict(x_unseen)
The prediction is 376666.84
```

上述两个案例介绍了如何用简单线性回归训练模型并做预测。在现实世界的问题中只有一个自变量的情况几乎不会出现，大多数业务问题具有不止一个变量，这类问题采用下面要讨论的多线性回归算法解决。

多线性回归或多回归可以说是简单线性回归的扩展，具有多个自变量，而非只有一个自变量。

表 2-2　具有多个自变量的房价数据集

面积/平方英尺	卧室数量/个	房价/1000 美元
1200	2	100
1500	3	120
1600	3	125
1100	2	95
1500	2	125
2200	4	200
2100	4	195
1410	2	110

图 2-18 显示的向量-空间图表示一个类似数据集的多个变量。

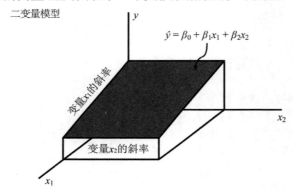

图 2-18　多回归模型描述的向量空间图，其中有两个自变量 x_1 和 x_2

多线性回归公式如公式 2-10 所示。

$$Y_i = \beta_0 + \beta_1 x_1 + \beta_2 x_2 + \cdots + \varepsilon_i \qquad \text{(公式 2-10)}$$

因此，简单线性回归进行多次训练的情况下会获得 β_0 和 β_1 等系数的估计值。

多元回归模型的残差如图 2-19 所示。这个示例是针对二变量模型的，可清楚看到残差值，即实际值和预测值之间的差。

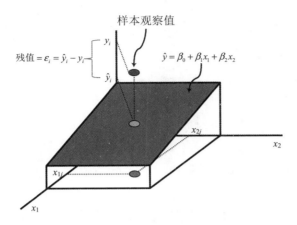

图 2-19　x_1 和 x_2 描述的多元线性回归模型并显示相关于样本
观察值的残差，该残差是实际值和预测值之差

现在用多元线性回归创建两个案例。模型开发期间进行首个步骤 EDA，也要解决数据中空值的问题以及处理分类变量。

2.4.3　案例 3：住宅数据集多元线性回归

现在研究房价数据集，目标变量是房价预测值，还有一些自变量。数据集和代码已上传至本章开头分享的 Github 链接。

步骤 1：首先导入所有需要的库。

```
import pandas as pd
import numpy as np
import matplotlib.pyplot as plt
import seaborn as sns
%matplotlib inline
import warnings
warnings.filterwarnings(action="ignore", module="scipy",
message="^internal gelsd")
```

步骤 2：导入格式为.csv 的数据文件，然后检查前几行。

```
house_mlr = pd.read_csv('House_data.csv')
house_mlr.head()
```

Out[11]:

	id	date	price	bedrooms	bathrooms	sqft_living	sqft_lot	floors	waterfront	view	...	grade	sqft_above	sqft_basement	yr_built
0	7129300520	20141013T000000	221900.0	3	1.00	1180	5650	1.0	0	0	...	7	1180	0	1955
1	6414100192	20141209T000000	538000.0	3	2.25	2570	7242	2.0	0	0	...	7	2170	400	1951
2	5631500400	20150225T000000	180000.0	2	1.00	770	10000	1.0	0	0	...	6	770	0	1933
3	2487200875	20141209T000000	604000.0	4	3.00	1960	5000	1.0	0	0	...	7	1050	910	1965
4	1954400510	20150218T000000	510000.0	3	2.00	1680	8080	1.0	0	0	...	8	1680	0	1987

5 rows × 21 columns

图 2-20　检查前几行

该数据集中有 21 个变量。

步骤 3：接着探索所具有的数据集，可采用 house_mlr.info()命令完成。探索所得结果如图 2-21。

```
<class 'pandas.core.frame.DataFrame'>
RangeIndex: 21613 entries, 0 to 21612
Data columns (total 21 columns):
id               21613 non-null int64
date             21613 non-null object
price            21613 non-null float64
bedrooms         21613 non-null int64
bathrooms        21613 non-null float64
sqft_living      21613 non-null int64
sqft_lot         21613 non-null int64
floors           21613 non-null float64
waterfront       21613 non-null int64
view             21613 non-null int64
condition        21613 non-null int64
grade            21613 non-null int64
sqft_above       21613 non-null int64
sqft_basement    21613 non-null int64
yr_built         21613 non-null int64
yr_renovated     21613 non-null int64
zipcode          21613 non-null int64
lat              21613 non-null float64
long             21613 non-null float64
sqft_living15    21613 non-null int64
sqft_lot15       21613 non-null int64
dtypes: float64(5), int64(15), object(1)
memory usage: 3.5+ MB
```

图 2-21　探索所具有的数据集

通过分析输出结果，可见 21 个变量中有一些浮点变量、一些对象和整数。这些分类变量将被处理为整数变量。

步骤 4：使用 house_mlr.describe()命令给出所有数值变量的详细信息，结果如图 2-22。

	id	price	bedrooms	bathrooms	sqft_living	sqft_lot	floors	waterfront	view
count	2.161300e+04	2.161300e+04	21613.000000	21613.000000	21613.000000	2.161300e+04	21613.000000	21613.000000	21613.000000
mean	4.580302e+09	5.400881e+05	3.370842	2.114757	2079.899736	1.510697e+04	1.494309	0.007542	0.234303
std	2.876566e+09	3.671272e+05	0.930062	0.770163	918.440897	4.142051e+04	0.539989	0.086517	0.766318
min	1.000102e+06	7.500000e+04	0.000000	0.000000	290.000000	5.200000e+02	1.000000	0.000000	0.000000
25%	2.123049e+09	3.219500e+05	3.000000	1.750000	1427.000000	5.040000e+03	1.000000	0.000000	0.000000
50%	3.904930e+09	4.500000e+05	3.000000	2.250000	1910.000000	7.618000e+03	1.500000	0.000000	0.000000
75%	7.308900e+09	6.450000e+05	4.000000	2.500000	2550.000000	1.068800e+04	2.000000	0.000000	0.000000
max	9.900000e+09	7.700000e+06	33.000000	8.000000	13540.000000	1.651359e+06	3.500000	1.000000	4.000000

图 2-22　列出数值变量的详细信息

这里可看到均值、标准差的取值范围，看到第 25、50、75 百分位的值的范围，还可看到最大和最小值。

变量可视化的一个好方法是采用箱型图，可用如下代码生成图 2-23。

```
fig = plt.figure(1, figsize=(9, 6))
ax = fig.add_subplot(111)
ax.boxplot(house_mlr['sqft_living15'])
```

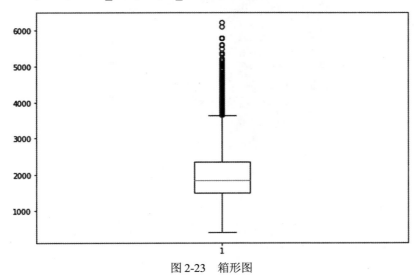

图 2-23　箱形图

该图显示有一些离群值，在本例中不处理离群值，后续章节中会研究处理离群值的最佳实践。

步骤 5：现在检查变量之间的相关性，可采用关联矩阵完成，用如下代码生成图 2-24。

```
house_mlr.drop(['id', 'date'], axis = 1, inplace = True)
fig, ax = plt.subplots(figsize = (12,12))
ax = sns.heatmap(house_mlr.corr(),annot = True)
```

关联矩阵分析显示某些变量之间有某种相关性。例如，sqft_above 和 sqft_living 之间具有相关性值 0.88，与预期的结果相同。对于首个案例，不处理关联变量。

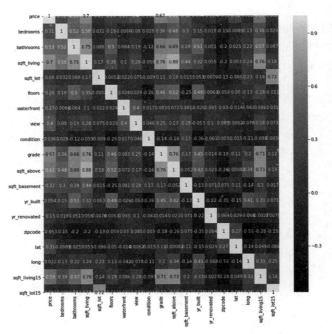

图 2-24　检查变量之间的相关性

步骤 6：现在稍微对数据进行清理。数据集中有些空值，现在进行删除，并得到如图 2-25 的数据集；将在第 5 章中学习缺失值处理概念。

```
house_mlr.isnull().any()
house_mlr ['basement'] = (house_mlr ['sqft_basement'] > 0).
astype(int)
house_mlr ['renovated'] = (house_mlr ['yr_renovated'] > 0).
astype(int)


to_drop = ['sqft_basement', 'yr_renovated']
house_mlr.drop(to_drop, axis = 1, inplace = True)


house_mlr.head()
```

	price	bedrooms	bathrooms	sqft_living	sqft_lot	floors	waterfront	view	condition	grade	sqft_above	yr_built	zipcode	lat
0	221900.0	3	1.00	1180	5650	1.0	0	0	3	7	1180	1955	98178	47.5112
1	538000.0	3	2.25	2570	7242	2.0	0	0	3	7	2170	1951	98125	47.7210
2	180000.0	2	1.00	770	10000	1.0	0	0	3	6	770	1933	98028	47.7379
3	604000.0	4	3.00	1960	5000	1.0	0	0	5	7	1050	1965	98136	47.5208
4	510000.0	3	2.00	1680	8080	1.0	0	0	3	8	1680	1987	98074	47.6168

图 2-25　删除空值

步骤 7：使用 one_hot(一键有效)编码将分类变量转换为数值变量。

one_hot(一键有效)编码将分类变量转换为数值变量，简单地讲就是在数据集上新增列，如图 2-26 所示；值为 0，或根据分类变量的值来分配，代码如下，处理后可得到图 2-27 中数据集。

CustID	Revenue	City	Items
1001	100	New Delhi	4
1002	101	London	5
1003	102	Tokyo	6
1004	104	New Delhi	8
1001	100	New York	4
1005	105	London	5

CustID	Revenue	New Delhi	London	Tokyo	New York	Items
1001	100	1	0	0	0	4
1002	101	0	1	0	0	5
1003	102	0	0	1	0	6
1004	104	1	0	0	0	8
1001	100	0	0	0	1	4
1005	105	0	1	0	0	5

图 2-26　新增列

```
categorical_variables = ['waterfront', 'view', 'condition',
'grade', 'floors','zipcode']
house_mlr = pd.get_dummies(house_mlr, columns = categorical_
variables, drop_first=True)
house_mlr.head()
```

	price	bedrooms	bathrooms	sqft_living	sqft_lot	sqft_above	yr_built	lat	long	sqft_living15	...	zipcode_98146	zipcode_98148
0	221900.0	3	1.00	1180	5650	1180	1955	47.5112	-122.257	1340	...	0	0
1	538000.0	3	2.25	2570	7242	2170	1951	47.7210	-122.319	1690	...	0	0
2	180000.0	2	1.00	770	10000	770	1933	47.7379	-122.233	2720	...	0	0
3	604000.0	4	3.00	1960	5000	1050	1965	47.5208	-122.393	1360	...	0	0
4	510000.0	3	2.00	1680	8080	1680	1987	47.6168	-122.045	1800	...	0	0

5 rows × 107 columns

图 2-27　将分类变量转换为数值变量

步骤 8：将数据分为训练和测试集，然后拟合该模型。测试集大小为数据集的 25%。

```
X = house_mlr.iloc[:, 1:].values
y = house_mlr.iloc[:, 0].values

from sklearn.model_selection import train_test_split
X_train, X_test, y_train, y_test = train_test_split(X, y,
test_size = 0.25, random_state = 5)

from sklearn.linear_model import LinearRegression
multiple_regression = LinearRegression()
multiple_regression.fit(X_train, y_train)
```

步骤 9：预测测试集结果。

```
y_pred = multiple_regression.predict(X_test)
```

步骤 10：现在检测模型准确度。

```
from sklearn.metrics import mean_squared_error
from math import sqrt
rmse = sqrt(mean_squared_error(y_test, y_pred))

from sklearn.metrics import r2_score
r2 = r2_score(y_test, y_pred)

adj_r2 = 1 - float(len(y)-1)/(len(y)-len(multiple_regression.
coef_)-1)*(1 - r2)

rmse, r2, adj_r2
```

得到的输出为(147274.98522602883, 0.8366403242154088, 0.8358351477235848)。

本例中的步骤可沿用于任何需要预测一个连续变量的案例。在本问题中已预测了一个连续变量的值，但还未从可用变量中选择显著变量。显著变量在进行预测时比其他自变量更重要。有多种方式选择显著变量，下一节中讨论采用各种候选方式之一的集成方法。第 3 章中讨论使用 p 值这种流行方法。

至此已讨论了使用线性回归的概念和实施方法。目前已假设的因变量和自变量之间关系是线性的，如果关系不是线性呢？这就是下一主题：非线性回归。

2.5　非线性回归分析

考虑下物理学中有运动定律描述物体与作用于该物体的各种力之间的关系以及运动如何对各种力做出响应。在匀变速运动中，初速度为 0 的位移由以下公式给出：

$$位移 = \frac{1}{2}加速度 \times 时间^2，\text{或} x = \frac{1}{2}at^2$$

分析该公式，可见末速度和时间之间的关系是非线性的，而是二次的。非线性回归可用于为这种关系建模。可查看散点图确定该关系是否为非线性关系，如图2-26所示。

从形式上讲，如果目标变量和自变量之间关系本质上不是线性的，那么采用非线性回归对数据进行拟合。

非线性回归模型的形式是数学公式，可表示为公式 2-11 及图 2-28 中的曲线。曲线的形状将取决于 n 值以及 β_0 和 β_1 相应的值，以此类推。

$$Y_i = \beta_0 + \beta_1 x_1 + \beta_2 x_1^2 + \beta_n x_1^n + \cdots + \varepsilon_i \qquad \text{（公式 2-11）}$$

其中：

β_0：Y 截距

β_1：X 对 Y 线性效应的回归系数

β_2：对 Y 的二次效应回归系数，以此类推

ε_i：第 i 个观察的 Y 随机错误

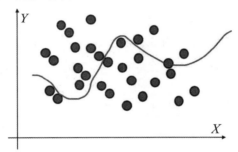

图 2-28　非线性回归比简单线性模型能更好地为数据集建模。因变量和自变量之间没有线性关系

让我们利用二次方程作为示例更深入地理解非线性关系。如有因变量之间的二次关系，则可用公式 2-12 表示。

$$Y_i = \beta_0 + \beta_1 x_{1i} + \beta_2 x_{1i}^2 + \varepsilon_i \qquad \text{（公式 2-12）}$$

β_0：Y 截距

β_1：X 对 Y 线性效应的回归系数

β_2：对 Y 的二次效应回归系数

ε_i：第 i 个观察的 Y 随机错误

根据图 2-29 所示的 β_1 和 β_2 的值二次模式将呈现以下形状，其中 β_1 是线性项的系数，β_2 是平方项的系数。

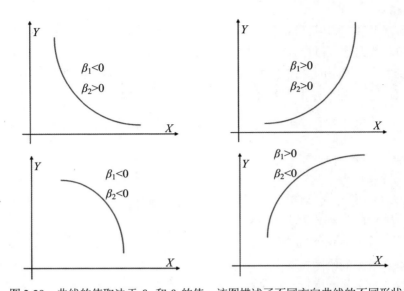

图 2-29 曲线的值取决于 β_1 和 β_2 的值。该图描述了不同方向曲线的不同形状

根据系数的值，曲线形状会发生变化。下列数据中显示了这种情况的一个示例。

表 2-3 速度与距离数据

速度	距离
3	9
4	15
5	28
6	38
7	45
8	69
10	96
12	155
18	260
20	410
25	650

图 2-30 显示了速度和距离这两个变量的关系。

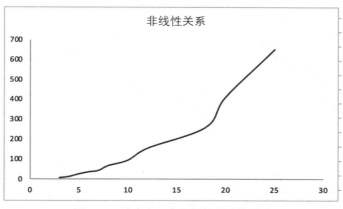

图 2-30　速度和距离之间的非线性关系

数据和数据的绘图表示出非线性关系。此外应该了解如何检测目标和自变量之间关系是否为非线性，这将在下一步中进行讨论。

2.6　识别非线性关系

拟合非线性模型时，首先必须确定确实需要非线性公式，二次效应的显著性测试可通过标准无效假设测试检验。

(1) 线性回归时估算值为：

$$\hat{y} = b_0 + b_1 x_1$$

(2) 二元回归时估算值为：

$$\hat{y} = b_0 + b_1 x_1 + b_2 x_1^2$$

(3) 无效假设为：

a. $H_0 : \beta_2 = 0$(二元项对模型无改善)

b. $H_1 : \beta_2 \neq 0$(二元项对模型有改善)

(4) 运行统计测试后，要么接收要么拒绝无效假设。

但是运行统计测试不一定总是可行,在处理实际业务问题时可采取这两个步骤。

(1) 识别非线性关系时，可在拟合线性模型后分析残差值。进行线性拟合而实际关系非线性时，则残差不随机且具有模式，如图 2-31 所示。如果用非线性关系建模，则残差本质上是随机的。

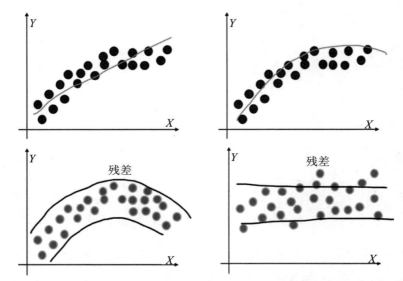

图 2-31　如果残差具有模式，其重要意义是采用线性关系建模的数据中可能存在非线性
关系。线性拟合不会给出随机残差，而非线性拟合则会产生随机残差

(2) 也可以比较线性和非线性回归模型的 R^2 值，如果非线性模型的 R^2 值更大，则意味着非线性模型关系更合适。

类似于线性回归，非线性模式也有假设，下面对其进行讨论。

非线性回归的假设

(1) 线性回归中的误差服从正态分布，误差是实际值和预测值之间的差值，非线性要求变量服从正态分布；

(2) 所有误差必须具有恒定方差；

(3) 误差互相独立且不具有某种模式。这是非常重要的假设，因为如果误差不相互独立，意味着模型公式中有未提取的信息。

也可使用对数变换解决一些非线性模型，对数变换公式如公式 2-13 和公式 2-14。

$$Y = \beta_0 X_1^{\beta_1} X_2^{\beta_2} \varepsilon \qquad\qquad \text{(公式 2-13)}$$

然后公式两边进行对数变换：

$$\log(Y) = \log(\beta_0) + \beta_1 \log(X_1) + \beta_2 \log(X_2) + \log(\varepsilon) \qquad \text{(公式 2-14)}$$

自变量系数可解释为：自变量 X_1 中 1% 的变化产生出 Y 平均值中所估算的 β_1 百

分比的变化。

> **提示**　有时 β_1 可指相对于 X_1 变化的 Y 弹性值。

目前已学习了不同类型的回归模型，回归模型是最稳定的解决方案之一。不过与任何其他工具或解决方案一样，回归模型也有缺陷，在进行 EDA 时会以重要洞察结果的形式揭示出一些缺陷，为统计建模进行数据准备时必须应对这些挑战，下面对这些挑战进行讨论。

2.7　回归模型面临的挑战

尽管回归是非常稳健的模型，但这个算法面临着一些挑战。

(1) **非线性**：现实世界的数据点都非常复杂，一般不遵循线性关系，即使有海量数据点，线性方法可能被证明太过简单而无法创建稳健的模型。如图 2-32 所示，线性模型无法为左侧图做好预测，但如果有非线性模型的话，则采用公式拟合得更好。例如，很少发现价格和面积大小具有线性关系。

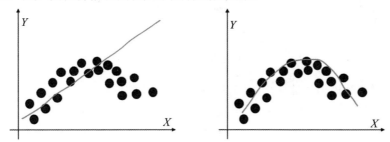

图 2-32　左侧图显示为非线性数据建立线性模型，右侧图为
准确的公式。线性关系是线性回归的重要假设之一

(2) **多重共线性**：本章前面已讨论过多重共线性，在模型中使用关联变量时就会面临多重共线性的问题。例如，同时含有单位以千计的销售额和以美元计的收益，两个变量实际上讨论的是同一信息。如果存在多重共线性问题，则会对模型产生如下影响。

a. 自变量估算系数对模型中即使很小的变化也会非常敏感，其值变化很快；

b. 由于自变量估算系数的准确度受到了影响，模型的总体预测能力受到影响；

c. 系数的 p 值可能不太值得信任，因此不能完全依赖模型中所示的显著性；

d. 由此已训练模型的总体质量受到削弱，需要应对多重共线性问题。

(3) **异方差性**：为回归问题建立模型时还会面对另一挑战，目标变量的可变性直接依赖于自变量值的变化，在残差中产生如图 2-5 所示的一个圆锥状模型，造成了如下挑战。

a. 异方差性干扰了自变量的显著性，增大了系数估算值方差。本来期望由 OLS 过程检测到该增长，但 OLS 没有检测出来，这样计算出的 t 值和 F 值是错误的，相应的各自估算的 p 值变小，导致对自变量的显著性做出不正确的结论；

b. 异方差性导致了自变量系数的错误估算，由此产生的结果模型有偏差。

(4) **离群值**：回归模型中离群值引起很多问题，会改变结果，并对理解和机器学习模型产生很大影响。各种影响如下。

a. 如图 2-33 所示的情况下模型公式受到离群值的严重影响，由于离群值的出现，回归公式也会拟合这些值，因此实际的公式不是最好的。

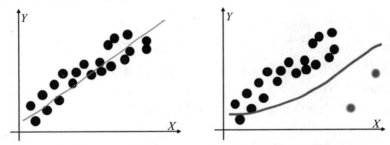

图 2-33　由于公式也会拟合离群值，所以数据集中离群值严重
影响了回归模型的准确度；这样结果也就有偏差

b. 离群值使模型估算值产生偏差，增加了错误方差；

c. 如果要进行统计测试，其能力和效应会受到严重影响；

d. 从数据分析角度看，总体上不能信任模型系数，由此模型的洞察结果也是错误的。

提示　将在第 5 章中讲述如何检测和处理离群值。

线性回归是受到广泛使用的预测连续变量的技术，用途很多，且跨多个领域，是为连续变量建模时首选的方法，可作为其他机器学习模型的基准。

这里就结束了线性回归模型的讨论，后面将讨论机器学习模型中非常流行的树模型或基于树的模型。基于树的模型可用于回归和分类问题，本章中仅研究回归问题，下一章研究分类问题。

2.8　回归的基于树方法

用于解决机器学习问题的下一类型算法是基于树的算法，这种算法非常简单且易于理解和开发，可用于回归和分类问题。决策树是一种监督学习算法，因此具有一个目标变量，根据问题可以是分类或回归问题。

决策树如图 2-34 所示，可以看见整个群体根据某种标准连续地分割为各群体和各子群体，从树开头起开始计算整个群体，接着将整个群体划分为更小的子集，同时逐步生长相关联的决策树。就像在现实生活中一样，首先考虑最重要的因素，然后在其周围分出各种可能性，同样，决策树的构建也是从发现具有最佳分割条件的特征开始。

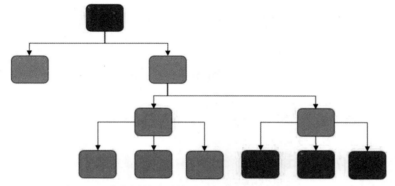

图 2-34　决策树基础结构显示如何对分割做出迭代决策

决策树可用于预测连续变量和分类变量。回归树的情况下终端节点的值是该区域内平均值，分类树的情况下则是观察值的众数。本书中将对两种方式进行讨论，本章中研究回归问题；下一章中用决策树解决分类问题。

继续进行前有必要学习决策树的构建块。如图 2-35 所示，用根节点、决策节点、终端节点和分支表示决策树。

- **根节点**是要分析的整个群体，显示在决策树的顶端。
- **决策节点**代表可进一步分割的子节点。
- **终端节点**是决策树最终元素。当节点不能再分割时就是该路径的终点，称为终端节点，有时也被称为叶子。
- **分支**是树的子部分，有时被称为子树。
- **父节点和子节点**仅代表对节点的引用。被分割的节点为父节点，分割后的节点称为子节点。

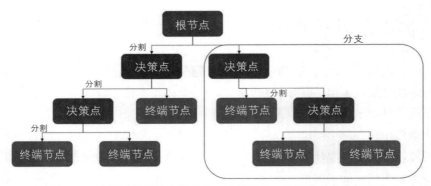

图 2-35　决策树构建块由根节点、决策节点、终端节点和分支组成

下面用房价预测问题帮助理解决策树。为便于理解，假设分割的首要标准是面积，如果面积小于 100 平方米，则整个群体分为两个节点，如图 2-36(i)所示。根节点右边是作为下一标准的卧室数量，如果卧室数量少于 4，预测价格为 100，否则预测价格为 150。根节点左边的分割条件是距离，该过程会继续预测价格值。

决策树也可认为是一组嵌套的 IF-ELSE 条件(如图 2-36(ii)所示)，可建立为树状模型，其内部节点做决策，而输出由叶子节点产生。决策树将自变量划分为无叠加的空间，这些空间也彼此不同。从几何学上讲，决策树也可以看作一组平行的超平面，将空间划分为若干个超长方体，如图 2-36(iii)所示。基于未见数据所属于的超长方体，为未见数据产生预测值。

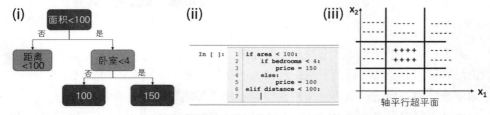

图 2-36　(i)房价预测问题基于决策树分割。(ii)决策树可认为是一个嵌套的 IF-ELSE 块。(iii)决策树的几何表示显示为平行的超平面

目前对决策树有所了解，接着研究分割一个节点的标准。

决策树采用自顶向下贪心方法，决策树从整个群体开始，然后递归地分割数据；因此称为自顶向下。这种方法称为贪心方法，因为进行分割决策时算法只根据最佳可用准则对当前分割进行决策，也就是可变的，并不是基于未来的分割，因此不能产生更好的模型。换句话讲，对于贪心方法而言着重点仅在于当前分割，而非将来的分割。除非树完全扩展且满足了停止条件，则重复进行分割。分类树的情况下有三种分割方法：基尼系数、熵损失和分类误差。由于三种方法都处理分类问题，所

以会在下一章中学习这些条件。

对于回归树而言降方差是分割的条件，方差分割中每个节点的方差采用下面公式计算。

$$方差 = \frac{\sum (x - \overline{x})^2}{n} \qquad (公式 2\text{-}15)$$

每次分割的方差计算值为每个节点方差的加权平均值，分割的目的是选择具有较小方差的分割。

目前具有的一些可用决策树算法，如 ID3、CART、C4.5、CHAID 等，这些算法将在讨论用决策树分类的概念后，在第 3 章进行详细探索。

2.9　案例分析：使用决策树解决油耗问题

这里使用决策树开发 Python 解决方案，代码和数据集已上传至 Github 库，建议从本章开头分享的 Github 链接下载数据集。

步骤 1：导入所有库。

```
import pandas as pd
import numpy as np
import matplotlib.pyplot as plt
%matplotlib inline
```

步骤 2：用 read_csv 文件命令导入数据集。

```
petrol_data = pd.read_csv('petrol_consumption.csv')
petrol_data.head(5)
```

	Petrol_tax	Average_income	Paved_Highways	Population_Driver_licence(%)	Petrol_Consumption
0	9.0	3571	1976	0.525	541
1	9.0	4092	1250	0.572	524
2	9.0	3865	1586	0.580	561
3	7.5	4870	2351	0.529	414
4	8.0	4399	431	0.544	410

图 2-37　导入数据集

步骤 3：查看自变量的主要指标，如图 2-38 所示。

```
petrol_data.describe()
```

	Petrol_tax	Average_income	Paved_Highways	Population_Driver_licence(%)	Petrol_Consumption
count	48.000000	48.000000	48.000000	48.000000	48.000000
mean	7.668333	4241.833333	5565.416667	0.570333	576.770833
std	0.950770	573.623768	3491.507166	0.055470	111.885816
min	5.000000	3063.000000	431.000000	0.451000	344.000000
25%	7.000000	3739.000000	3110.250000	0.529750	509.500000
50%	7.500000	4298.000000	4735.500000	0.564500	568.500000
75%	8.125000	4578.750000	7156.000000	0.595250	632.750000
max	10.000000	5342.000000	17782.000000	0.724000	968.000000

图 2-38　自变量的主要指标

步骤 4：将数据分割为训练和测试集后拟合模型。首先将 X 和 y 变量分离，然后拆分为训练和测试集。测试集占训练数据的 20%。

```
X = petrol_data.drop('Petrol_Consumption', axis=1)
y = petrol_data ['Petrol_Consumption']
from sklearn.model_selection import train_test_split
X_train, X_test, y_train, y_test = train_test_split(X, y,
test_size=0.2, random_state=0)
from sklearn.tree import DecisionTreeRegressor
decision_regressor = DecisionTreeRegressor()
decision_regressor.fit(X_train, y_train)
```

步骤 5：利用模型对测试数据集进行预测，结果如图 2-39 所示。

```
y_pred = decision_regressor.predict(X_test)
df=pd.DataFrame({'Actual':y_test, 'Predicted':y_pred})
df
```

	Actual	Predicted
29	534	547.0
4	410	414.0
26	577	574.0
30	571	554.0
32	577	631.0
37	704	644.0
34	487	648.0
40	587	649.0
7	467	414.0
10	580	498.0

图 2-39　预测测试数据集

步骤 6：测量各种度量参数所创建模型的性能。

```
from sklearn import metrics
print('Mean Absolute Error:', metrics.mean_absolute_error
(y_test, y_pred))
print('Mean Squared Error:', metrics.mean_squared_error
(y_test, y_pred))
print('Root Mean Squared Error:', np.sqrt(metrics.mean_squared_
error(y_test, y_pred)))
```

Mean Absolute Error: 50.9
Mean Squared Error: 4629.7
Root Mean Squared Error: 68.0418988565134

图 2-40　模型的性能

该算法的平均绝对误差(MAE)为 50.9，少于"Petrol_Consumption(油耗)"列平均值的 10%，表示算法优良。

前面解决方案进行可视化需要采用已上传至 GitHub 链接上的代码。

图 2-41 显示了决策树。

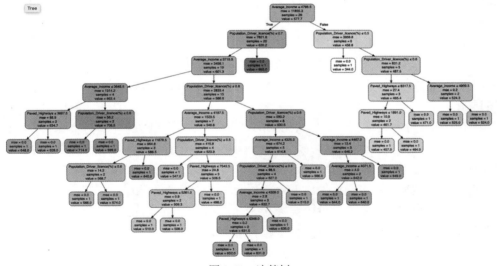

图 2-41　决策树

这是决策树的 Python 实现，Python 代码可复制用于解决任何需要采用决策树解决的问题。下面探讨决策树算法的优缺点。

决策树的优点如下。

(1) 决策树易于建立和理解，由于决策树在决策过程中模仿人为逻辑，因此输出看起来非常结构化并且易于掌握；

(2) 需要的数据准备非常少，能够解决回归和分类问题，并能处理庞大的数据集；

(3) 决策树不太受变量共线性的影响，显著变量的识别是内置的，我们使用统计测试校验决策树的输出；

(4) 决策树最重要的优点之一是非常直观，即使不具有数据科学背景的利益相关人或决策者都能理解。

决策树的缺点如下。

(1) 决策树面临的最大问题是过拟合，当模型获得很高的训练准确度但测试准确度非常低时就会发生过拟合，意味着模型能很好地理解训练数据但处理不好未见数据。过拟合会造成许多麻烦，因此必须减少模型中的过拟合，在第 5 章中将处理过拟合并讨论如何降低过拟合；

(2) 贪心法可用于创建决策树。由于可能无法产生最佳树或全局优化树，建议采用其他方法减少贪心算法的影响，如双重信息距离(DID)。通过考虑对整体解决方案近期和未来潜在的影响，DID 启发式算法确定对属性的选择，在分区图上搜索最短路径来构造分类树。识别出的最短路径由所选择的特征定义。DID 方法考虑以下方面。

a. 所选分区之间的正交性；

b. 给定已选属性的情况下，降低类别分区的不确定性。

(3) 对于训练数据的变化非常敏感，有时训练数据的微小变化会导致最终预测的变化；

(4) 对于分类树而言，分割会更偏向具有更多分类的变量。

我们已讨论了决策树概念并采用 Python 开发了一个案例，以上内容都非常易于理解、可视化和解释。每个人都能关联决策树，因为决策树跟人做决策的方式一样，都会选择最佳参数和方向后做出下一步决策，这是非常直观的一种方式！

到这里就接近了基于决策树解决方案的尾声，我们已讨论了简单线性回归、多项式回归、非线性回归和决策树，理解了各种概念、优缺点和假设，也采用 Python 开发了各自的解决方案，这是迈向机器学习非常重要和相关的一步。

不过所有这些算法只是单独运行，一次一种算法而已。下面提出下一代解决方案，称为集成方法，接下来研究这个方法。

2.10　回归的集成方法

"团结就是力量"是集成方法的座右铭。集成方法采用多个预测变量，然后"合并"或整理信息以做出最终决定。

正式地讲，集成方法训练一个数据集的多个预测变量，这些预测变量单独地使用时可能是也可能不是弱预测变量。选择和训练这些预测变量的方式使得每个训练数据集的训练数据略有不同并可能获得稍微不同的结果，这些独立的预测变量可学习出相互不同的模式，最后将独立的预测结合起来，做最终的决策。有时将各种学习器的组合称为元模型。

集成方式中确保每个预测变量获取稍微不同的数据集用于训练，通常是通过替换或自助抽样法随机实现的。另一不同的方法是调整分配给每个数据点的权重，增加权重，即增加数据点的关注度。

可视化集成方法如何做预测可参见图 2-42，图中随机森林和预测模型在稍微不同的数据集进行训练。

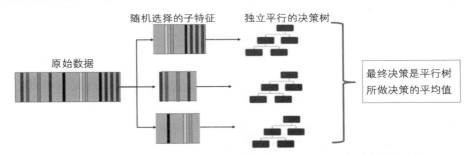

图 2-42　基于集成学习的随机森林，其中原始数据分割为随机选择的子特征，
然后创建单独的独立并行树。最终结果是子树所有预测的平均值

集成方法可划分为两个大类：袋装法(bagging)和提升法(boosting)。

(1) **袋装法模型**或自主汇聚法(bootstrap aggregation)通过几个弱模型提高整体准确度。下面是袋装模型的主要属性。

a. 袋装法用放回抽样生成多个数据集；

b. 同时构建多个相互独立的预测器；

c. 为了达成最终决策需要平均值/投票，也就是构建回归模型要获取所有预测的平均值或中间值，而分类模型则要完成投票；

d. 袋装法是解决方差并降低过拟合的有效方法；

e. 随机森林是袋装法的案例之一(如图 2-42 所示)。

(2) **提升法(Boosting)**：与袋装法相似，提升法也是一种集成方法。下面是有关于提升法的要点。

a. 提升法中各学习器是从前一学习器中顺序产生；

b. 每个后续学习器都从上一次迭代中得到改进并更多地关注上一次迭代中的

错误；

  c. 投票过程中效果好的学习器得到更高的投票；

  d. 提升法一般比袋装法慢，但大多数情况下效果更好；

  e. 梯度提升、极限梯度提升和 AdaBoosting 是几个解决方案的案例。

现在用随机森林开发解决方案，更多有关于提升法的内容将在第 4 章中探讨，第 4 章研究监督分类算法。

2.11 案例分析：使用随机森林解决油耗问题

随机森林回归问题将使用决策树所使用的相同案例。为了节省空间，将在创建训练和测试数据集后继续随机森林回归问题。

步骤 1：导入所有库和数据集，实现决策树时已涵盖这一步骤。

```
import pandas as pd
import numpy as np
import matplotlib.pyplot as plt
%matplotlib inline
petrol_data = pd.read_csv('petrol_consumption.csv')
X = petrol_data.drop('Petrol_Consumption', axis=1)
y = petrol_data['Petrol_Consumption']
from sklearn.model_selection import train_test_split
X_train, X_test, y_train, y_test = train_test_split(X, y,
test_size=0.20, random_state=0)
```

步骤 2：导入随机森林回归库并创建 RandomForestRegressor 变量。

```
from sklearn.ensemble import RandomForestRegressor
randomForestModel = RandomForestRegressor(n_estimators=200,
                                bootstrap = True,
                                max_features = 'sqrt')
```

步骤 3：用模型拟合训练和测试数据。

```
randomForestModel.fit(X_train, y_train)
```

步骤 4：预测实际值并检查模型准确度，结果如图 2-43 所示。

```
rf_predictions = randomForestModel.predict(X_test)
from sklearn import metrics
```

```
print('Mean Absolute Error:', metrics.mean_absolute_error
(y_test, rf_predictions))
print('Mean Squared Error:', metrics.mean_squared_error
(y_test, rf_predictions))
print('Root Mean Squared Error:', np.sqrt(metrics.mean_squared_
error(y_test, rf_predictions)))
```

Mean Absolute Error: 58.5
Mean Squared Error: 5273.9
Root Mean Squared Error: 72.62162212454359

图 2-43　预测实际值与模型准确度

步骤 5：抽取两个最重要的特征。从数据集中获取所有列的清单，得到数值化的特征重要性。

```
feature_list=X_train.columns
importances = list(randomForestModel.feature_importances_)
feature_importances = [(feature, round(importance, 2)) for
feature, importance in zip(feature_list, importances)]
feature_importances = sorted(feature_importances, key = lambda
x: x[1], reverse = True)
[print('Variable: {:20} Importance: {}'.format(*pair)) for pair
in feature_importances];
```

Variable: Average_income   Importance: 0.29
Variable: Paved_Highways   Importance: 0.28
Variable: Population_Driver_licence(%) Importance: 0.28
Variable: Petrol_tax   Importance: 0.15

图 2-44　数值化的特征重要性

步骤 6：用重要变量重新创建模型。

```
rf_most_important = RandomForestRegressor(n_estimators= 500,
random_state=5)
important_indices = [feature_list[2], feature_list[1]]
train_important = X_train.loc[:, ['Paved_Highways','Average_
income','Population_Driver_licence(%)']]
test_important = X_test.loc[:, ['Paved_Highways','Average_
income','Population_Driver_licence(%)']]
train_important = X_train.loc[:, ['Paved_Highways','Average_
income','Population_Driver_licence(%)']]
test_important = X_test.loc[:, ['Paved_Highways','Average_
income','Population_Driver_licence(%)']]
```

步骤 7：训练随机森林算法。

```
rf_most_important.fit(train_important, y_train)
```

步骤 8：进行预测并确定误差。

```
predictions = rf_most_important.predict(test_important)
predictions
```

步骤 9：输出平均绝对误差、均方差以及均方根差，如图 2-45 所示。

```
print('Mean Absolute Error:', metrics.mean_absolute_error
(y_test, predictions))
print('Mean Squared Error:', metrics.mean_squared_error(y_test,
predictions))
print('Root Mean Squared Error:', np.sqrt(metrics.mean_squared_
error(y_test, predictions)))
```

Mean Absolute Error: 54.9088
Mean Squared Error: 4297.8499098
Root Mean Squared Error: 65.55798890905669

图 2-45　平均绝对误差、均方差、均方根差

由此可见，选择了显著变量后使随机森林的误差有所降低。

集成学习法整理多个模型的能力后进行预测。这些模型单独使用时是弱的，但组合在一起则是做预测的强模型，这就是集成学习之美。现在讨论集成学习的优缺点。

集成学习的优点如下。

(1) 集成模型会产生小方差和小偏差，一般对数据具有较好的理解力；

(2) 集成方法的准确度一般高于常规方法；

(3) 随机森林模型用于处理决策树所关注的过拟合，提升法则用于减小偏差；

(4) 更为重要的是集成方法是各种独立模型的集合，因此会产生出对数据更复杂的理解。

集成学习的缺点如下。

(1) 由于集成学习的复杂度，因此很难理解。例如，决策树可以轻松地可视化，而随机森林模型则很难可视化；

(2) 模型的复杂度使其难以训练、测试、部署和刷新，其他模型则一般不会这样；

(3) 有时集成模型需要更长的时间收敛和训练，这增加了训练时间。

我们已涵盖了集成学习的概念并使用随机森林研究了回归解决方案。集成学习已流行很久，也在 Kaggle 赢得了一些竞赛，建议对这些概念进行理解后复制代码实施。

结束集成学习的讨论前还必须探索使用决策树进行特征选择的概念。回顾上一节中研究的多元回归问题，这里将继续使用相同的问题来选择显著变量。

2.12　基于树方法的特征选择

我们继续使用上一节中使用的数据集，在上一节中使用住宅数据集开发了多元回归解决方案，这里采用基于集成的 ExtraTreeClassifier 来选择最显著特征。

导入库和数据集的初始步骤保持不变。

步骤 1：导入库和数据集。

```
import numpy as np
import pandas as pd
import matplotlib.pyplot as plt
%matplotlib inline
feature_df = pd.read_csv('House_data.csv')
```

步骤 2：执行回归问题中相同的数据预处理。

```
feature_df['basement'] = (feature_df['sqft_basement'] > 0).
astype(int)
feature_df['renovated'] = (feature_df['yr_renovated'] > 0).
astype(int)
to_drop = ['id', 'date', 'sqft_basement', 'yr_renovated']
feature_df.drop(to_drop, axis = 1, inplace = True)
cat_cols = ['waterfront', 'view', 'condition', 'grade',
'floors']
feature_df = pd.get_dummies(feature_df, columns = cat_cols,
drop_first=True)
y = feature_df.iloc[:, 0].values
X = feature_df.iloc[:, 1:].values
```

步骤 3：创建 ExtraTreeClassifier。

```
from sklearn.ensemble import ExtraTreesClassifier
tree_clf = ExtraTreesClassifier()
```

```
tree_clf.fit(X, y)
tree_clf.feature_importances_
```

步骤 4：获取各变量各自的重要性值，并将这些变量按重要性值降序排列。

```
importances = tree_clf.feature_importances_
feature_names = feature_df.iloc[:, 1:].columns.tolist()
feature_names
feature_imp_dir = dict(zip(feature_names, importances))
features = sorted(feature_imp_dir.items(), key=lambda x: x[1],
reverse=True)
feature_imp_dir
```

步骤 5：按重要性值顺序可视化各种特征，得到如图 2-46 所示的结果。

```
plt.bar(range(len(features)), [imp[1] for imp in features],
align='center')
plt.title('The important features in House Data');
```

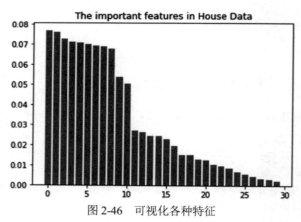

图 2-46　可视化各种特征

步骤 6：分析已选择了多少变量、已删除多少变量。

```
from sklearn.feature_selection import SelectFromModel
abc = SelectFromModel(tree_clf, prefit = True)
x_updated = abc.transform(X)
print('Total Features count:', np.array(X).shape[1])
print('Selected Features: ',np.array(x_updated).shape[1])
```

输出显示变量总数为 30，从这一列表看，已找到 11 个显著变量。
使用基于集成学习的 **ExtraTreeClassifier** 是筛选显著变量的技巧之一，可看看各

自方法的 p 值并筛选变量。

　　集成学习结合各种弱预测器的功能，使其功能足够强大以便进行更好的预测，是一种强有力的方法。集成学习提供快捷、简易和灵活的解决方案，可同时适用于分类和回归问题。由于其灵活性，有时会遇到过拟合的问题，但随机森林这样的袋装解决方案有助于克服过拟合问题。集成技术推动建模方法中的多样性并采用各种预测器做最终决策，因此很多时候都胜过经典算法并受到极大欢迎。

　　我们就此结束了集成学习方法的学习，将会在第 3 和 4 章中再次对其进行讨论。

　　至此已涵盖了简单线性回归、多线性回归、非线性回归、决策树和随机森林，也为其开发了 Python 代码，下面进入该章的小结部分。

2.13　小结

　　我们正以更具创新性的方式来利用数据的力量。通过报表和仪表板、可视化、数据分析或统计建模的方式，数据在为各种业务和流程的决策提供动力。监督回归学习正迅速且静悄悄地影响着决策过程，能对业务各种指标做预测并针对指标采取积极措施。应用的案例几乎跨越了所有业务功能，包含了定价、市场营销、运营、质量、客户关系管理(CRM)。

　　回归解决方案是一系列功能强大的方法，意义非常深远，具有扩散性、稳健性和便利性。尽管与分类问题相比，回归问题具有的案例较少，但仍然是监督学习模型的基础。回归解决方案对目标变量值中的离群值和变化非常敏感，主要原因是目标变量从本质上讲是连续的。

　　回归解决方案有助于为趋势和模式建立模型、解码异常值并为未见的将来做预测。根据回归解决方案，业务决策变得更具洞察力，同时我们应该谨慎并清楚回归无法满足未经训练的未见事件和值的需求，如战争、自然灾害、政府政策变化、宏观/微观经济因素等未经计划的事件是无法由模型捕获的。我们应认识到任何机器学习模型都取决于数据质量这一事实，而为了获取干净、稳健的数据集，前提条件是有效的数据捕获过程和成熟的数据工程，然后才能利用数据的真正威力。

　　第 1 章中已学习过机器学习、数据和数据质量属性及各种机器学习过程，第 2 章中则详细学习了回归模型，研究了如何创建模型、如何评估模型的准确度、模型的优缺点和 Python 实现等，下一章中将继续监督学习分类算法。

　　下面应能够回答以下问题。

练习题

问题 1：什么是回归？回归问题的案例有哪些？

问题 2：什么是线性回归的假设？

问题 3：线性回归的优缺点有哪些？

问题 4：决策树如何为节点做分割？

问题 5：集成方法如何做预测？

问题 6：袋装和提升方式的差异是什么？

问题 7：用下面命令加载数据集 iris：

```
from sklearn.datasets import load_iris
iris = load_iris()
```

采用线性回归和决策树预测鸢尾的花萼长度并比较结果。

问题 8：从 Github 链接加载 auto-mpg.csv 后使用决策树和随机森林预测汽车的行驶里程并比较结果。要求得出最显著变量，然后重新创建解决方案后比较其性能。

问题 9：下一数据集包含 www.cardekho.com 上列出的二手车信息，可用于价格预测，从 https://www.kaggle.com/nehalbirla/vehicledataset-from-cardekho 下载数据集，执行 EDA 并拟合一个线性回归模型。

问题 10：下一数据集为鱼的七种常见种类，请从 https://www.kaggle.com/aungpyaeap/fish-market 下载数据并采用回归技术估算鱼的重量。

问题 11：仔细阅读 https://ieeexplore.ieee.org/document/9071392 及 https://ieeexplore.ieee.org/document/8969926 上有关于决策树的研究论文。

问题 12：仔细阅读 https://ieeexplore.ieee.org/document/9017166 和 https://agupubs.onlinelibrary.wiley.com/doi/full/10.1002/2013WR014203 上有关于回归的研究论文。

第**3**章

分类问题监督学习

"预测很难，特别是预测未来。"

——Niels Bohr

我们生活的世界中预测某个事件能帮助修改已做的计划。如果能预知今天会下雨，人们就不会去露营；如果能预知股市会崩盘，人们就会等段时间再投资；如果能预知客户会从业务中流失，就会采取方法将其吸引回来。所有这些预测都有洞察力，对业务具有战略重要性。

如果能知道让销售上升/下降或使电子邮件正常工作或导致产品故障的因素，也会帮助人们弥补自己的不足并继续积极的一面。利用这些知识可修改整个客户定位策略、调整线上交易或改变产品测试方法；具体的实现方式有很多。这类机器学习模型即是分类算法，也是本章的焦点。

第 2 章中已讨论了用于预测连续变量的回归问题，本章将研究预测分类变量的概念，讨论对某个事件发生与否有多大的信心，还将介绍逻辑回归、决策树、k 最近邻、朴素贝叶斯及随机森林。本章将介绍所有算法，还将使用实际数据集开发 Python 代码，处理缺失值、重复值、离群值，完成 EDA 并度量算法准确度，挑选最佳算法，最后将列举一个案例。

3.1 所需技术工具包

本书采用 Python 3.5+，建议在电脑上安装 Python。这里使用 Jupyter Notebook 应用程序；代码执行需要安装 Anaconda-Navigator。

所用的主要库有 numpy、pandas、matplotlib、seaborn、scikitlearn 等，建议在 Python 环境中安装这些库。所有代码和数据集已上传至 Github 存储库，链接如下：https://github.com/Apress/supervised-learning-w-python/tree/master/Chapter%203。

开始分类"机器学习"之前，有必要研究拒绝域和 p 值这两个统计概念；两者用于从所有自变量中判断某个变量的显著性，是非常强且极其重要的概念！

3.2 假设检验及 p 值

想象一种新药 X 要上市，声称可在 5 周内治愈 90% 的糖尿病。该公司为 100 名患者做了测试，其中 90 名患者在 5 周内治愈，如何确定该药物是否确实有效，该公司是否提出虚假声明，又或采样技术是否有偏差？

假设检验有助于准确地回答所提出的问题。

假设检验首先确定一个假设。前面这个新药的示例中的假设为药物 X 能够在五周内治愈 90% 的患者，称为零假设，以 H_0 表示，本例中 H_0 为 0.9。如果根据证据要拒绝零假设，则需要接受备择假设 H_1，本例中 $H_1 < 0.9$。始终从假设零假设为真开始。

然后定义显著性水平 α，用于衡量在拒绝零假设 H_0 之前希望样本会有多么不可能的结果值。参见图 3-1(i)。

如图 3-1(ii)将拒绝域定义为"c"。

如果 X 代表治愈的糖尿病患者数量，则拒绝域定义为 $P(X<c)<\alpha$，其中 $\alpha=5\%$。95% 的置信区间中该样本有 5% 的概率不具有群体平均值，可以解释为：如果我们感兴趣的某个样本在拒绝域内，则可安全地拒绝零假设。

这正是 5% 或 0.05 称为显著性水平的原因。如果希望置信区间为 99%，则显著性水平为 0.01。

下一步是获取 p 值，如果要更好地理解请参见图 3-1(iii)。

正式地讲，p 值是在拒绝域方向上大于等于某个变量值且该样本中含有该变量值的概率，是一种检测某个样本结果是否在假设检验拒绝域内的方法。基于 p 值就可以拒绝或接受零假设。

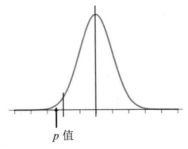

(i) 必须给定显著性水平，即一直到哪个点能接受结果且不拒绝零假设

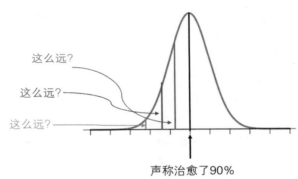

声称治愈了90%

(ii) 拒绝域为中间图像所示 5%的区域

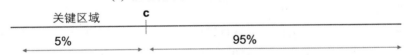

(iii) 显示 p 值及本例中 p 值如何落在拒绝域内

图 3-1　定义显著性水平

　　计算 p 值后分析该变量值是否在拒绝域内，如果得到的答案是肯定的，则拒绝零假设。

　　由于假设校验和 p 值为识别显著变量铺平道路，所以是非常重要的信息。训练机器学习算法时，连同其他结果一起可得到每个变量的 p 值。根据经验，如果 p 值小于或等于 0.05，则该变量可认为是具有显著性的变量。

　　本例中的零假设是：自变量不具有显著性且对目标变量不产生效应，如果 p 值小于或等于 0.05，则可拒绝零假设并做出该变量具有显著性的结论。统计学中，如果自变量 x 的 p 值小于或等于 0.05，则说明具有强有力的证据拒绝零假设，因为零假设正确的概率不到 5%。或换句话讲，变量 x 是对目标变量 y 做预测的显著变量，但并不意味着备择假设有 95%的概率是正确的。值得注意的是，p 值是零假设的条件，与备择假设无关。

这里采用 p 值筛选显著变量并比较各显著变量的重要性，是广泛接受的一种选择显著变量的度量标准。

下一节将继续介绍分类算法的概念。

3.3 分类算法

在日常业务中人们会做出各种决定，是否投资股票、是否给客户发信息、接受产品还是拒绝产品、接受申请还是置之不理。这些决策的基础是人们对业务、流程、目标以及影响决策的各种因素所具有的某种洞察力，同时人们确实期望自己所做的决策能产生有利的结果。

监督分类算法可用于形成这种洞察力，帮助人们做出想要的决策，能够预测某个事件发生的概率。根据所选择的监督学习算法，我们就能了解影响该事件发生的各种因素。

正式地讲，分类算法是监督机器学习算法的一个分支，用于对特定某一类的概率进行建模。例如，进行二分类就是对两个类进行建模，比如通过或失败、健康或患病、欺诈或真实、是或否等，也可扩展为多分类问题，如好/坏/中性、红/黄/蓝/绿、猫/狗/马/车等。

与回归模型一样，分类问题也具有目标变量和自变量，唯一不同的是目标变量是分类的，而用于做预测的自变量可以是连续的或分类的，这主要取决于建模的算法。

下面各案例说明分类算法的用途。

(1) 一个零售商正在失去回头客，也就是说，过去来购物的那些顾客不再光顾。监督学习算法能帮助识别那些更容易流失且不会回头的客户，然后零售商就可选择性地定位这些客户并提供折扣来挽回这些客户。

(2) 制造工厂必须保持产品的最佳质量。为此，技术团队想要确定工具、原材料和物理条件的某种特定组合是否能导向最佳质量和产量。监督学习算法能帮助做出该项选择。

(3) 保险商希望建立一个是否要向客户提供某种保单的模型，保险商就必须根据客户的既往史、就业细节、交易模式等才能做出决策。分类机器学习模型能帮助预测客户的合格值，用于保险商接受或拒绝客户申请。

(4) 一家向客户提供信用卡的银行必须识别哪些收到的交易为欺诈、哪些是真实的。基于交易的详细信息，如收到的交易源、金额、交易时间、模式及其他客户参数就能做决策。监督分类算法有助于做出决策。

(5) 一家电信运营商想在市场中发布新的数据产品。为此，电信运营商需要定位少数对产品感兴趣并充值概率较高的订阅者。监督分类算法将能为每个订阅者生成一个分值，随后运营商就可以报价了。

前面展示了行业中一些实用案例。其中分类算法生成某个事件的概率评分，相应地各销售/市场营销/运营/质量/风险团队就可以接听相关的业务电话了。这类用途实用性非常强，也非常简便！

很多算法都适用于这个实用目的，我们会在本章中讨论其中的一些算法，其余的将在第 4 章中讨论。

可用算法有：

- 逻辑回归
- k 最近邻
- 决策树
- 随机森林
- 朴素贝叶斯
- 支持向量机(SVM)
- 梯度提升
- 神经网络

本章将讨论前 5 种算法，其余算法在下一章中讨论。下面一节开始讨论逻辑回归算法。

分类的逻辑回归

第 2 章中曾学习了如何采用线性回归预测连续变量的值，如客户数量、销售额、降雨量等。现在我们要预测一个客户是否会到访、销售额是否会上升等，采用逻辑回归可为前面的问题建模并解决问题。

正式地讲，逻辑回归是利用 logit 函数为分类问题建模的统计模型，即一个分类因变量。基本形式是为二分类问题建模，称为二元逻辑回归。复杂问题是为多个类别的分类建模，需要采用多元逻辑回归。

下面通过一个案例理解逻辑回归。

考虑一个必须要确定一条信用卡交易是否为欺诈的问题，回答应该是二元的(是或否)；如果这项交易看起来令人放心就接受这项交易，否则不接受。我们会根据交易的各种属性，如金额、交易时间、支付模式等，来做出决策。

对于这样的问题，逻辑回归会建立欺诈概率模型。前例中欺诈概率为，

$$概率(欺诈=是|金额)$$

该概率的值在 0 和 1 之间，可以解释为：给定一个"欺诈金额"的值，预测信用卡交易的真实性。

问题在于如何为这种关系建模。如果采用线性公式，可简单写为，

$$概率或 pr(x) = \beta_0 + \beta_1 x \qquad (公式 3\text{-}1)$$

如果利用"金额"拟合上面公式来预测"成功"，可以用图 3-2 中的形式表示。对于欺诈金额较小的值，可看到欺诈概率小于 0，而较大的值欺诈概率大于 1，这两种情况都不可能。

因此我们用逻辑回归处理这个问题。逻辑回归采用 *sigmoid* 函数，输入任何实数值并给出 0 和 1 之间的输出。标准逻辑回归公式可用公式 3-2 表示并如图 3-2 所示。

$$P(x) = \frac{e^t}{(e^t + 1)}, \quad 其中 t = \beta_0 + \beta_1 x \qquad (公式 3\text{-}2)$$

可重新写为，

$$P(x) = \frac{e^{\beta_0 + \beta_1 x}}{e^{\beta_0 + \beta_1 x} + 1} \qquad (公式 3\text{-}3)$$

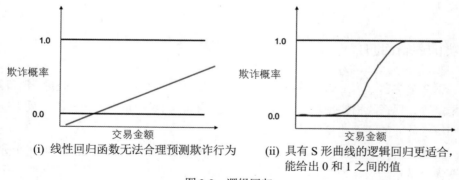

(i) 线性回归函数无法合理预测欺诈行为　　(ii) 具有 S 形曲线的逻辑回归更适合，
　　　　　　　　　　　　　　　　　　　　　　　能给出 0 和 1 之间的值

图 3-2　逻辑回归

下一个要考虑的问题是如何对该公式进行拟合。回顾线性回归的情况，为目标变量做预测时要尽量接近于实际值。这里也采取相似的方式，采用最大似然函数完成逻辑回归的拟合，似然函数能够度量统计模型的拟合优度值。有时也称逻辑回归

为对数似然函数。数学证明不在本书范围内。

利用公式 3-3 可得到，

$$\log\left(\frac{P(x)}{1-P(x)}\right) = \beta_0 + \beta_1 x \qquad \text{（公式 3-4）}$$

两边同时取自然对数，

$$\left(\frac{P(x)}{1-P(x)}\right) = e^{\beta_0 + \beta_1 x} \qquad \text{（公式 3-5）}$$

公式 3-5 中，$\dfrac{P(x)}{1-P(x)}$ 这个量称为赔率，之所以称为"赔率"是因为它比概率更

直观，因为赔率是博彩中的常见术语。

$\left(\dfrac{P(x)}{1-P(x)}\right)$ 这一项称为 *logit*。与线性回归公式相比，可轻松发现 x 每增加一个单

元，logit(有时称为对数优势)发生以 β_1 计的变化，该值可以是 0 和无限之间的任何
值，图 3-2(ii)可视化了该函数。

大多数商业问题中都具有超过一个的自变量，因此要用多元逻辑回归解决。数
学表示如下：

$$\log\left(\frac{P(x)}{1-P(x)}\right) = \beta_0 + \beta_1 x + \cdots + \beta_n \qquad \text{（公式 3-6）}$$

但是还有一个问题没有回答：有了线性回归，为什么需要逻辑回归？

假设一家银行要根据客户历史交易和服务详细信息评估自己的服务质量，这个
案例对预测的回答将是肯定、否定或中立，编码为，

$$\left.\begin{array}{l}\text{肯定：目标变量} y = 1 \\ \text{否定：目标变量} y = 2 \\ \text{中立：目标变量} y = 3\end{array}\right\} = \text{具有三个类别的回答}$$

如果把目标变量处理为连续变量，则意味着必须预测出 y 的实际值，但是上面
回答中的 y 值，肯定比否定少 1，否定比中立少 1，肯定与否定之差和否定与中立之
差相同。这种争论在本质上就是错误的，不具有任何实际意义。

另外，即使将回答的数量从 3 降至 2，也就是只有肯定和否定，线性回归仍然
可能给出超出 1 或小于 0 的概率值，这从数学上讲就是不可能的。如果我们拟合最

佳回归线，这条线仍然不足以确定可以区分这两个类别的任何点，线性回归线会把某些肯定划分为否定，反之亦然。还有，如果从线性回归得到 0.5 这个概率，那么我们应该将其划分为肯定还是否定呢？而且一个离群值就能完全扰乱输出值，因此从实践上讲采用逻辑回归这样的分类算法代替线性回归来解决这一问题更为合理。

与线性回归相同，逻辑回归也有一些假设。

(1) 作为分类算法，逻辑回归模型的结果为二元或二分类变量，如成功/失败、是/否或 0/1；

(2) 输出的 logit 与每个自变量之间存在线性关系；

(3) 不存在离群值或至少连续变量没有显著离群值；

(4) 自变量之间不存在关联性。

值得注意的重要一点是，算法准确度依赖于用于训练算法的训练数据。如果训练数据不具代表性，则结果模型不稳健。训练数据应符合第 1 章中讨论的数据质量标准，我们将在第 5 章中再次详细讨论这个概念。

提示 为了拥有具有代表性的数据集，建议每个自变量至少要有 10 个数据点，同时参考每个自变量的最小频率值。例如，20 个自变量和最小频率值 0.2，那么应具有$(20 × 10)/0.2 = 1000$ 个数据点。

有关逻辑回归要注意的要点如下。

(1) 逻辑回归模型的输出一般是某个事件的概率值，可用于二分类和多分类问题；

(2) 由于输出是概率，其值不能大于 1 且不能小于 0，因此逻辑曲线的形状为"S"；

(3) 可处理任意数量的分类作为目标变量，也可以处理分类和连续自变量；

(4) 最大似然算法有助于确定公式中的各系数值，不要求自变量正态分布或自变量每个群体都具有相等的方差；

(5) $\dfrac{P}{1-P}$ 为 OR 值，当该值为正值时成功的机会在 50%以上；

(6) 逻辑回归中很难解释系数，因为不像线性回归的关系那样直截了当。

在更深入学习前有必要仔细研究准确度度量方法。建议通读各种算法，这是监督学习的重要部分！

3.4　评估解决方案准确度

创建机器学习解决方案的目标是预测未来事件，把模型部署应用于生产环境前有必要度量模型的性能，并且采用多次迭代训练多种算法，根据各种准确的关键性能指标来选择最佳算法。在本节中会研究最重要的准确度评估标准。

度量分类问题有效性的最重要测量方法如下。

(1) **混淆矩阵**：最流行的方法之一是混淆矩阵，可用于二分类和多分类问题。混淆矩阵最简单的形式表示为 2×2 矩阵，如图 3-3 所示。

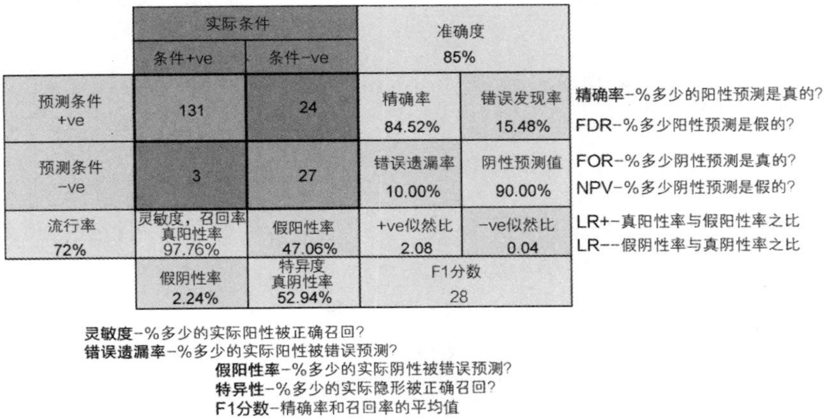

	实际条件		准确度 85%		
	条件+ve	条件−ve			精确率−%多少的阳性预测是真的？
预测条件 +ve	131	24	精确率 84.52%	错误发现率 15.48%	FDR−%多少阳性预测是假的？
预测条件 −ve	3	27	错误遗漏率 10.00%	阴性预测值 90.00%	FOR−%多少阴性预测是真的？ NPV−%多少阴性预测是假的？
流行率 72%	灵敏度，召回率 真阳性率 97.76%	假阳性率 47.06%	+ve似然比 2.08	−ve似然比 0.04	LR+−真阳性率与假阳性率之比 LR−−假阴性率与真阴性率之比
	假阴性率 2.24%	特异度 真阴性率 52.94%	F1分数 28		

灵敏度−%多少的实际阳性被正确召回？
错误遗漏率−%多少的实际阳性被错误预测？
假阳性率−%多少的实际阴性被错误预测？
特异性−%多少的实际隐形被正确召回？
F1分数−精确率和召回率的平均值

图 3-3　混淆矩阵是衡量机器学习模型有效性的一种好方法，采用混淆矩阵
可计算精确率、召回率、准确度和 F1 分数，获得模型的性能

对每个参数分别进行学习。

a. 准确度：准确度是做了多少正确的预测。前面示例中准确度为 (131+27)/(131+27+3+24) = 85%

b. 精确率：精确率表示阳性预测中有多少是实际阳性。前面示例中精确率为 131/(131+24) = 84%

c. 召回率或灵敏度：召回率是所有实际阳性事件中能捕获多少阳性事件，本例中为 131/ (131+3) = 97%

d. 特异性或真阴性率：特异性是实际阴性中有多少是正确地进行了预测。本例中为 27/ (27+24) = 52%

(2) **ROC 曲线及 AUC 值**：ROC 或接受者操作特征曲线用于比较不同模型，是绘制于 TPR(真阳性率)和 FPR(假阳性率)之间的图。ROC 曲线下的面积(AUC)是度量模型好坏的指标，AUC 值越大则模型越好，如图 3-4 所示。角度为 45°的直线表

示准确度为 50%。好的模型的面积应大于 0.5 并紧贴图形的左上角，如图 3-4(ii)所示。其中绿色的模型似乎最好。

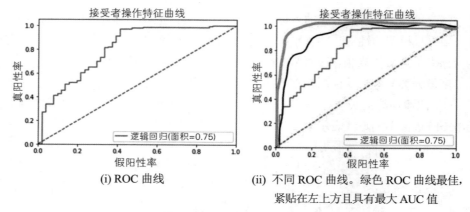

(i) ROC 曲线　　　(ii) 不同 ROC 曲线。绿色 ROC 曲线最佳，
紧贴在左上方且具有最大 AUC 值

图 3-4　ROC 曲线及 AUC 值

(3) 基尼系数：这里还采用基尼系数度量模型拟合的好坏，从形式上讲是 ROC 曲线的面积率，也是 AUC 的缩小版。

$$GI = 2 \times AUC - 1 \qquad (公式 3-7)$$

与 AUC 值类似，较高的基尼系数值是首选。

(4) F1 分数：很多时候会面临比较模型时关键性能指标的选择问题(如较高精确率还是较高召回率)，F1 分数能解决这个问题。

$$F1分数 = \frac{2(精确度 \times 召回率)}{精确度 + 召回率} \qquad (公式 3-8)$$

F1 分数是精确率和召回率的调和平均数，F1 分数越大越好。

(5) AIC 及 BIC：赤池信息准则(AIC)及贝叶斯信息准则(BIC)用于选择最佳模型，AIC 从最常见概率中得出，而 BIC 则是从贝叶斯概率中得出。

$$AIC = \frac{-2}{N} \times LL + 2 \times \frac{k}{N} \qquad (公式 3-9)$$

而

$$BIC = -2 \times LL + \log(N) \times k \qquad (公式 3-10)$$

两个公式中 N 是训练集中的样本数，LL 是模型在训练数据集上的对数似然值，k 是模型中的变量数。BIC 中的对数是以 e 为底的自然对数，称为自然算法。

这里希望得到较低的 AIC 和 BIC 值。AIC 对模型的复杂性进行了惩罚，但 BIC 对模型的惩罚要大于 AIC。如果要在两者之间做出选择，那么相对于 BIC，AIC 会选择更复杂的模型。

提示 如果有机会在准确度可比的复杂模型和简单模型之间进行选择,请选择简单模型。请牢记自然始终偏爱简单!

(6) **一致性和非一致性**:一致性是评估模型的方法之一。下面先理解一致性和非一致性的含义。

考虑构建模型来预测一个客户是否会从业务中流失,输出值是流失的概率,数据显示在表 3-1 中。

表 3-1 客户是否流失的概率值

客户号	是否流失	流失的概率
1001	1	0.75
2001	0	0.24
3001	1	0.34
4001	0	0.62

第 1 组:(流失 = 1):客户 1001 和 3001
第 2 组:(流失 = 0):客户 2001 和 4001
现在通过从第 1 组和第 2 组中分别取一个数据点进行对比,如下所示。
第 1 对:1001 和 2001
第 2 对:1001 和 4001
第 3 对:3001 和 2001
第 4 对:3001 和 4001

通过分析数据对,很容易地知道在前三对中,模型将高概率划分为流失客户。模型的分类是正确的,这些数据对称为一致性数据对,而模型在第 4 对将低概率划分为流失客户是没有道理的,这一对就称为非一致性数据对。如两对数据的概率相似,则称为同等数据对。

可采用 Somers D 度量质量,给定为 Somers D =(一致性数据对百分比 - 不一致性数据对百分比)。Somers D 的值越高,则模型越好。

一致性不能单独作为参数用于模型选择,应该用作度量方法之一,并检测其他度量方法。

(7) **KS 统计量**:KS 统计量或 Kolmogorov-Smirnov 统计量是衡量模型有效性的指标之一,是累积真阳性和累积假阳性之间的最大差值。KS 值越高,则模型越好。

(8) 建议在下面数据集上测试模型性能并比较关键性能指标。

● 训练数据集:用于训练算法的数据集;

- 测试数据集：用于测试算法的数据集；
- 验证数据集：该数据集仅在最终校验阶段使用一次；
- 超时验证：超时测试是一种很好的做法。例如，如果训练/测试/验证数据集来自于 2015 年 1 月至 2017 年 12 月，那么可用 2018 年 1 月到 2018 年 12 月作为超时样本。目标是在未见数据集上测试模型的性能。

这些是用于检测模型准确度的各种度量方法。一般我们会采用多种算法创建多个模型，每种算法都要完成多次迭代，因此这些度量方法也用于比较模型并挑选出最佳模型。

我们还应该认识到人们总是希望系统要准确，想要对股价上涨或下跌或明天是否下雨做更准确的预测，但有时准确度可能是不可信的，这里用一个示例来理解。

例如开发信用卡欺诈交易系统时的业务目标是检测欺诈性交易，目前大多数交易(超过 99%)不具有欺诈性，这意味着如果模型预测接收到的每个交易都是真实的，模型仍然具有 99%准确度，但模型并未达到发现欺诈交易的业务目标。这个业务案例中，召回率应该是要瞄准的重要参数。

到这里就结束了对准确度评估的讨论。一般来说，针对分类问题，逻辑回归是用来建立基线的第一个算法。现在就来解决一个逻辑回归问题的示例。

3.5　案例分析：信用风险

业务背景：信用风险也就是借款人拖欠任意贷款的还款，银行业中这是批准申请人贷款前必须考虑的一个重要因素。"梦想住房"金融公司经营着所有的住房贷款，公司遍布所有城市、半城乡和农村地区。客户首先要申请住房贷款，然后公司验证客户贷款的资格。

业务目标：该公司希望根据填写在线申请表时提供的客户详细信息自动化贷款资格流程(实时)，详细信息包括性别、婚姻状况、教育程度、受抚养人数量、收入、贷款金额、信用记录等。自动化这一过程存在一个问题，即如何识别符合贷款金额条件的客户群体以便能专门针对这些客户进行服务。该公司提供了部分数据集。

数据集：本书的数据集和代码可从本章开头共享的 Github 链接获得。变量描述如下。

下面描述各个变量。

- Loan_ID：唯一贷款号
- Gender：男/女
- Married：申请人婚否(是/否)

- Dependents：被赡养人数
- Education：申请人所受教育(研究生/本科生)
- Self_Employed：自由职业者(是/否)
- ApplicantIncome：申请人收入
- CoapplicantIncome：共同申请人收入
- LoanAmount：贷款额(按千计)
- Loan_Amount_Term：贷款期限(按月计)
- Credit_History：信用记录符合准则
- Property_Area：城市/半城乡/乡村
- Loan_Status：贷款是否通过(是/否)

现在使用逻辑回归开始编写代码，我们将探索数据集、整理并转换数据集、拟合模型，然后度量解决方案的准确度。

步骤 1：首先导入需要的库。导入 seaborn 用于统计绘图，采用 sklearn 包中基于随机函数的数据分割函数将数据分为训练集和测试集。从 sklearn 导入度量指标，计算准确度和混淆矩阵。

```
import pandas as pd
from sklearn.linear_model import LogisticRegression
import matplotlib.pyplot as plt
import seaborn as sns
from sklearn.model_selection import train_test_split
import numpy as np
import os,sys
from scipy import stats
from sklearn import metrics
import seaborn as sn
%matplotlib inline
```

步骤 2：采用 read_csv 命令加载数据集，输出显示如图 3-5。

```
loan_df = pd.read_csv('CreditRisk.csv')
loan_df.head()
```

	Loan_ID	Gender	Married	Dependents	Education	Self_Employed	ApplicantIncome	CoapplicantIncome	LoanAmount	Loan_Amount_Term	Cre
0	LP001002	Male	No	0	Graduate	No	5849	0.0	0	360.0	
1	LP001003	Male	Yes	1	Graduate	No	4583	1508.0	128	360.0	
2	LP001005	Male	Yes	0	Graduate	Yes	3000	0.0	66	360.0	
3	LP001006	Male	Yes	0	Not Graduate	No	2583	2358.0	120	360.0	
4	LP001008	Male	No	0	Graduate	No	6000	0.0	141	360.0	

图 3-5 数据集

步骤 3：检查数据形状。

```
loan_df.shape
```

步骤 4：credit_df = loan_df.drop('Loan_ID', axis =1) # 删除 Loan_ID 列，因为这列始终为一一映射关系。删除后的数据集如图 3-6 所示。

```
credit_df.head()
```

	Gender	Married	Dependents	Education	Self_Employed	ApplicantIncome	CoapplicantIncome	LoanAmount	Loan_Amount_Term	Credit_History
0	Male	No	0	Graduate	No	5849	0.0	0	360.0	1.0
1	Male	Yes	1	Graduate	No	4583	1508.0	128	360.0	1.0
2	Male	Yes	0	Graduate	Yes	3000	0.0	66	360.0	1.0
3	Male	Yes	0	Not Graduate	No	2583	2358.0	120	360.0	1.0
4	Male	No	0	Graduate	No	6000	0.0	141	360.0	1.0

图 3-6 删除后的数据集

步骤 5：把贷款值进行归一化和可视化，生成结果如图 3-7 所示。

```
credit_df['Loan_Amount_Term'].value_counts(normalize=True)
plt.hist(credit_df['Loan_Amount_Term'], 50)
```

```
360.0    0.853333
180.0    0.073333
480.0    0.025000
300.0    0.021667
84.0     0.006667
240.0    0.006667
120.0    0.005000
36.0     0.003333
60.0     0.003333
12.0     0.001667
Name: Loan_Amount_Term, dtype: float64
(array([  1.,   0.,   2.,   0.,   0.,   2.,   0.,   4.,   0.,   0.,   0.,
         3.,   0.,   0.,   0.,   0.,  44.,   0.,   0.,   0.,   0.,
         0.,   0.,   4.,   0.,   0.,   0.,   0.,  13.,   0.,   0.,
         0.,   0.,   0.,   0., 512.,   0.,   0.,   0.,   0.,   0.,
         0.,   0.,   0.,   0.,  15.]),
 array([ 12.  ,  21.36,  30.72,  40.08,  49.44,  58.8 ,  68.16,  77.52,
         86.88,  96.24, 105.6 , 114.96, 124.32, 133.68, 143.04, 152.4 ,
        161.76, 171.12, 180.48, 189.84, 199.2 , 208.56, 217.92, 227.28,
        236.64, 246.  , 255.36, 264.72, 274.08, 283.44, 292.8 , 302.16,
        311.52, 320.88, 330.24, 339.6 , 348.96, 358.32, 367.68, 377.04,
        386.4 , 395.76, 405.12, 414.48, 423.84, 433.2 , 442.56, 451.92,
        461.28, 470.64, 480.  ]),
 <a list of 50 Patch objects>)
```

图 3-7 归一化和可视化结果

步骤 6：像线性图那样可视化数据，生成的结果如图 3-8 所示。

```
plt.plot(credit_df.LoanAmount)
plt.xlabel('Loan Amount')
plt.ylabel('Frequency')
plt.title("Plot of the Loan Amount")
```

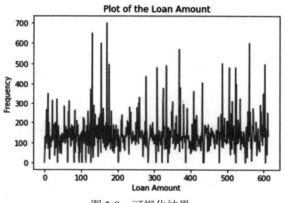

图 3-8   可视化结果

提示   仅显示了一个可视化图形，建议生成更多图表。请牢记图表是直观表示数据的绝佳方式！

步骤 7：Loan_Amount_Term 高度扭曲，因此将该变量删除。

```
credit_df.drop(['Loan_Amount_Term'], axis=1, inplace=True)
```

步骤 8：接着完成缺失值的处理，每个变量的缺失值用 0 代替。比较用中间值代替缺失值的结果。

```
credit_df = credit_df.fillna('0')
##credit_df = credit_df.replace({'NaN':credit_df.median()})
credit_df
```

步骤 9：下面分析变量是如何分布的，结果如图 3-9 所示。

```
credit_df.describe().transpose()
```

	count	mean	std	min	25%	50%	75%	max
ApplicantIncome	614.0	5403.459283	6109.041673	150.0	2877.5	3812.5	5795.00	81000.0
CoapplicantIncome	614.0	1621.245798	2926.248369	0.0	0.0	1188.5	2297.25	41667.0
LoanAmount	614.0	141.166124	88.340630	0.0	98.0	125.0	164.75	700.0
Loan_Status	614.0	0.687296	0.463973	0.0	0.0	1.0	1.00	1.0

图 3-9　变量分布

建议如第 2 章中讨论的那样创建箱型图。

步骤 10：查看目标列"Loan_Status"，如图 3-10，理解数据在各种值中如何分布。

```
credit_df.groupby(["Loan_Status"]).mean()
```

```
credit_df.groupby(["Loan_Status"]).mean()
```

	ApplicantIncome	CoapplicantIncome	LoanAmount
Loan_Status			
0	5446.078125	1877.807292	142.557292
1	5384.068720	1504.516398	140.533175

图 3-10　数据分布

步骤 11：将 X 和 Y 变量转换为分类变量。

```
credit_df['Loan_Status'] = credit_df['Loan_Status'].
astype('category')
credit_df['Credit_History'] = credit_df['Credit_History'].
astype('category')
```

步骤 12：检查输出中所示数据的数据类型，如图 3-11。

```
credit_df.info()

<class 'pandas.core.frame.DataFrame'>
RangeIndex: 614 entries, 0 to 613
Data columns (total 11 columns):
Gender              614 non-null object
Married             614 non-null object
Dependents          614 non-null object
Education           614 non-null object
Self_Employed       614 non-null object
ApplicantIncome     614 non-null int64
CoapplicantIncome   614 non-null float64
LoanAmount          614 non-null int64
Credit_History      614 non-null category
Property_Area       614 non-null object
Loan_Status         614 non-null category
dtypes: category(2), float64(1), int64(2), object(6)
memory usage: 44.7+ KB
```

图 3-11　输出中所示数据的数据类型

步骤 13：检查数据是否平衡，可获得如图 3-12 的输出。

```
prop_Y = credit_df['Loan_Status'].value_counts(normalize=True)
print(prop_Y)
```

```
1    0.687296
0    0.312704
Name: Loan_Status, dtype: float64
```

图 3-12　数据平衡的输出结果

数据集似乎有稍许的不平衡，其中一个分类为 31.28%，而另一个为 68.72%。

提示　尽管数据集不是严重不平衡，仍将在第 5 章中研究如何处理数据不平衡。

步骤 14：定义 X 和 Y 变量。

```
X = credit_df.drop('Loan_Status', axis=1)
Y = credit_df[['Loan_Status']]
```

步骤 15：使用一键有效编码将分类变量转换为数值变量。

```
X = pd.get_dummies(X, drop_first=True)
```

步骤 16：将数据分为训练和测试集，分割率为 70:30。

```
from sklearn.model_selection import train_test_split
X_train, X_test, y_train, y_test = train_test_split(X, Y, test_size=0.30)
```

步骤 17：构建实际的逻辑回归模型。

```
import statsmodels.api as sm
logit = sm.Logit(y_train, sm.add_constant(X_train))
lg = logit.fit()
```

步骤 18：检查模型的汇总值，结果如图 3-13。

```
from scipy import stats
stats.chisqprob = lambda chisq, df: stats.chi2.sf(chisq, df)
print(lg.summary())
```

```
                    Logit Regression Results
===============================================================
Dep. Variable:         Loan_Status   No. Observations:        429
Model:                       Logit   Df Residuals:            411
Method:                        MLE   Df Model:                 17
Date:             Sat, 30 May 2020   Pseudo R-squ.:        0.2447
Time:                     18:47:23   Log-Likelihood:      -205.18
converged:                   False   LL-Null:             -271.66
Covariance Type:         nonrobust   LLR p-value:       5.042e-20
===============================================================
                         coef   std err      z    P>|z|   [0.025    0.975]
const                  9.2044   518.073   0.018   0.986  -1006.200  1024.609
ApplicantIncome     -3.429e-05      3e-05  -1.142   0.253  -9.31e-05  2.46e-05
CoapplicantIncome   -7.622e-05   4.03e-05  -1.891   0.059     -0.000  2.78e-06
LoanAmount             0.0005     0.002   0.297   0.767     -0.003     0.004
Gender_Female          0.3004     0.885   0.340   0.734     -1.434     2.034
Gender_Male            0.1726     0.826   0.209   0.835     -1.447     1.792
Married_No           -12.3041   518.072  -0.024   0.981  -1027.706  1003.098
Married_Yes          -11.9522   518.072  -0.023   0.982  -1027.354  1003.450
Dependents_1          -0.4619     0.346  -1.336   0.181     -1.139     0.216
Dependents_2           0.4379     0.405   1.082   0.279     -0.355     1.231
Dependents_3+          0.2402     0.533   0.450   0.652     -0.805     1.285
Education_Not Graduate -0.2026    0.306  -0.661   0.508     -0.803     0.398
Self_Employed_No       0.2114     0.496   0.433   0.665     -0.758     1.187
Self_Employed_Yes      0.5411     0.604   0.895   0.371     -0.644     1.726
Credit_History_1.0     3.6165     0.497   7.276   0.000      2.642     4.591
Credit_History_0       3.6766     0.642   5.727   0.000      2.418     4.935
Property_Area_Semiurban 0.8764    0.318   2.757   0.006      0.253     1.500
Property_Area_Urban    0.0512     0.298   0.172   0.863     -0.532     0.634
===============================================================
```

图 3-13 模型汇总值

下面解释上述结果。伪 R 表示该模型仅仅解释了数据中整体变化的 24%，该模型确实不好！

步骤 19：采用公式：赔率=exp(系数)来根据系数计算赔率，然后采用公式：概率 = 赔率 /(1+赔率)来根据赔率计算概率。

```
log_coef = pd.DataFrame(lg.params, columns=['coef'])
log_coef.loc[:, "Odds_ratio"] = np.exp(log_coef.coef)
log_coef['probability'] = log_coef['Odds_ratio']/(1+log_
coef['Odds_ratio'])
log_coef['pval']=lg.pvalues
pd.options.display.float_format = '{:.2f}'.format
```

步骤 20：通过显著 p 值(p 值<0.1)筛选所有自变量并按赔率降序排序，得到的输出如图 3-14。

```
log_coef = log_coef.sort_values(by="Odds_ratio",
ascending=False)
pval_filter = log_coef['pval']<=0.1
log_coef[pval_filter]
pval_filter = log_coef['pval']<=0.1 log_coef[pval_filter]
```

	coef	Odds_ratio	probability	pval
Credit_History_0	3.68	39.51	0.98	0.00
Credit_History_1.0	3.62	37.21	0.97	0.00
Property_Area_Semiurban	0.88	2.40	0.71	0.01
CoapplicantIncome	-0.00	1.00	0.50	0.06

图 3-14　输出结果

如果分析数据则我们可看到信用历史值为 1 的客户会有 97%的概率拖欠贷款，而信用历史值为 0 的客户有 98%的概率拖欠。

同样，半城乡地区的客户与其他相比则有 2.50 倍的赔率会拖欠。

步骤 21：用训练数据拟合模型，使用.fit 函数。

```
from sklearn import metrics
from sklearn.linear_model import LogisticRegression
log_reg = LogisticRegression()
log_reg.fit(X_train, y_train)
```

步骤 22：模型准备好后可进行预测。但先要用混淆矩阵在训练数据上检查模型的准确度，输出如图 3-15。

```
pred_train = log_reg.predict(X_train)
from sklearn.metrics import classification_report,
confusion_matrix
mat_train = confusion_matrix(y_train,pred_train)
print("confusion matrix = \n",mat_train)
```

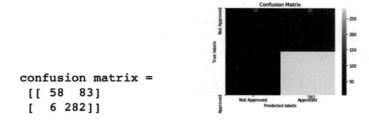

```
confusion matrix =
 [[ 58  83]
 [  6 282]]
```

图 3-15　混淆矩阵的输出结果

步骤 23：该步骤为数据集做预测并可视化，得到的输出如图 3-16。

```
pred_test = log_reg.predict(X_test)
mat_test = confusion_matrix(y_test,pred_test)
print("confusion matrix = \n",mat_test)
```

```
ax= plt.subplot()
ax.set_ylim(2.0, 0)
annot_kws = {"ha": 'left',"va": 'top'}

sns.heatmap(mat_test, annot=True, ax = ax, fmt= 'g',
annot_kws=annot_kws); #annot=True to annotate cells
ax.set_xlabel('Predicted labels');
ax.set_ylabel('True labels');
ax.set_title('Confusion Matrix');
ax.xaxis.set_ticklabels(['Not Approved', 'Approved']);
ax.yaxis.set_ticklabels(['Not Approved', 'Approved']);
```

```
confusion matrix =
[[ 27  24]
 [  3 131]]
```

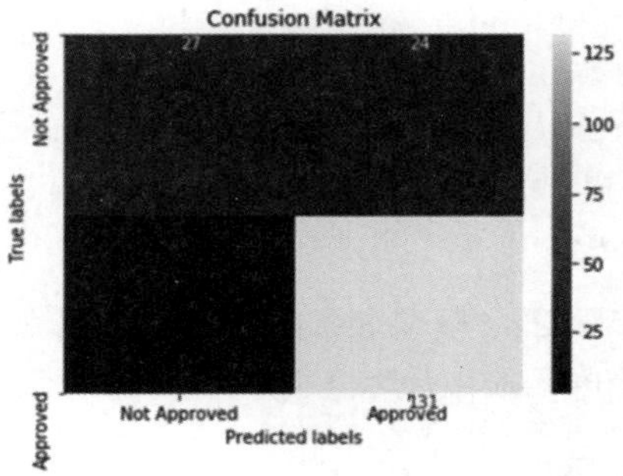

图 3-16　预测和可视化结果

步骤 24：创建 AUC ROC 曲线并得到 AUC 值，获得如图 3-17 所示的输出。

```
from sklearn.metrics import roc_auc_score
from sklearn.metrics import roc_curve
logit_roc_auc = roc_auc_score(y_test, log_reg.predict(X_test))
fpr, tpr, thresholds = roc_curve(y_test, log_reg.predict_
proba(X_test)[:,1])
plt.figure()
plt.plot(fpr, tpr, label='Logistic Regression (area = %0.2f)' %
logit_roc_auc)
plt.plot([0, 1], [0, 1],'r--')
plt.xlim([0.0, 1.0])
plt.ylim([0.0, 1.05])
plt.xlabel('False Positive Rate')
plt.ylabel('True Positive Rate')
plt.title('Receiver operating characteristic')
plt.legend(loc="lower right")
```

```
plt.savefig('Log_ROC')
plt.show()
```

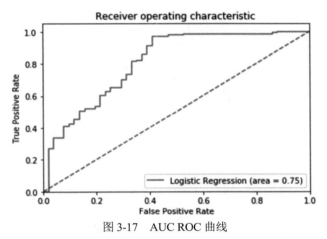

图 3-17　AUC ROC 曲线

```
auc_score = metrics.roc_auc_score(y_test, log_reg.predict_
proba(X_test)[:,1])
round( float( auc_score ), 2 )
The output is 0.81.
```

结果解释：通过比较训练集混淆矩阵和测试集混淆矩阵，可确定解决方案的有效性，如图 3-18 中的混淆矩阵所示。

	实际条件		准确度 85%		
	条件+ve	条件−ve			
预测条件 +ve	131	24	精确率 84.52%	错误发现率 15.48%	精确率−%多少的阳性预测是真的？ FDR−%多少阳性预测是假的？
预测条件 −ve	3	27	错误遗漏率 10.00%	阴性预测值 90.00%	FOR−%多少阴性预测是真的？ NPV−%多少阴性预测是假的？
流行率 72%	灵敏度，召回率 真阳性率 97.76%	假阳性率 47.06%	+ve似然比 2.08	−ve似然比 0.04	LR+−真阳性率与假阳性率之比 LR−−假阴性率与真阴性率之比
	假阴性率 2.24%	特异度 真阴性率 52.94%	F1分数 28		

灵敏度−%多少的实际阳性被正确召回？
错误遗漏率−%多少的实际阳性被错误预测？
假阳性率−%多少的实际阴性被错误预测？
特异性−%多少的实际隐形被正确召回？
F1分数−精确率和召回率的平均值

图 3-18　混淆矩阵

关于测试数据，模型的整体准确度为 85%，灵敏度或召回率为 97%，精确率为

84%，模型具有良好的整体准确度。但是该模型还有改进的空间，可看到预测中通过了 24 个申请，但实际上并没有获得批准。

附加说明

使用以下代码，仅需一条命令就可对所有变量进行快速可视化。图 3-19 描述了贷款状态与所有变量之间的关系。

```
import seaborn as sns
sns.pairplot(credit_df, hue="Loan_Status", palette="husl")
```

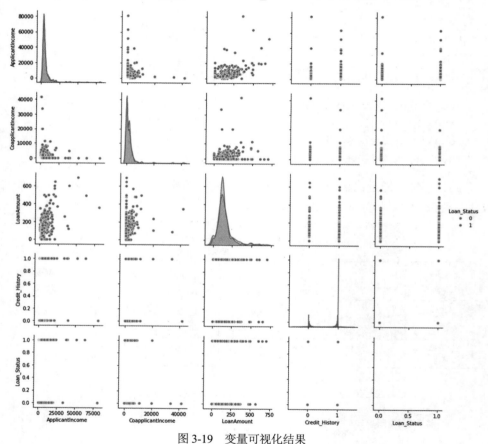

图 3-19　变量可视化结果

提示　如果测试集准确度不同于训练集准确度且显著降低，则意味着模型过拟合，第 5 章将讨论如何处理该问题。

研究分类问题时逻辑回归一般是首选算法，这种算法快捷、易于理解、处理分类和连续数据点时非常简洁，还可用于获取问题的显著变量，因此十分流行。

现在已详细研究了逻辑回归，这里就要学习第二重要的分类器：朴素贝叶斯。请不要误解"朴素"这个词，这个算法在用于分类时功能非常强大！

3.6　分类的朴素贝叶斯方法

考虑这样一个问题：你正计划露营，旅程取决于几个因素，如天气如何、有没有关于下雨的预报、有没有从办公室请假一天、你的朋友要不要去等。你有历史数据来做出是否要去露营的预测，如表 3-2 所示。

表 3-2　计划露营时需考虑的各种因素

请假	天气	朋友要去	湿度	去露营
是	雨天	否	高	是
否	晴天	是	低	是
是	阴天	否	低	否
是	雨天	否	高	是
是	晴天	是	低	是
是	雨天	否	高	是
否	晴天	否	高	否
否	阴天	是	低	是

如表所示，是否露营的最终决策取决于其他事件的结果，这就引入了条件概率的概念。首先讨论一些概率相关的关键点，有助于更好地理解：

(1) 如 A 是任何事件，那么 A 的补集为 A 不会发生的事件，表示为 $\hat{A}$。

(2) A 的概率表示为 $P(A)$，补集的概率则为 $P(\hat{A}) = 1 - P(A)$。

(3) 设 A 和 B 为具有概率 $P(A)$ 和 $P(B)$ 的任何事件，如被告知 B 已发生，则 A 的概率可能改变。如前面案例中，如天气是雨天则露营的概率会改变。A 的新概率称为给定 B 时 A 的条件概率，写为 $P(A|B)$。

(4) 数学公式为 $P(A|B) = \dfrac{P(A且B)}{P(B)}$，其中 $P(A|B)$ 指给定 B 时 A 的概率，意味着如已知 B 已发生时 A 的概率。

(5) 这种关系可视为概率依赖，称为条件概率，指一个事件的信息在评估另一事件概率时具有重要性。

(6) 若两个事件相互独立，则乘法规则简化为 $P(A \text{ 和 } B) = P(A)P(B)$。例如你露营的计划不会受牛奶价格的影响。

有很多相互依赖的事件，因此必须理解事件关系：$P(A|B)$ 和 $P(B|A)$。商业活动中也如此，销售额取决于到访店铺的客户量、客户是否会回购要取决于以前的体验，以此类推。贝叶斯定理有助于对这些因素建模并做出预测。

根据贝叶斯定理，如有两个事件 A 和 B，那么给定 B 后 A 的条件概率表示为，

$$P(A \mid B) = P(B \mid A) \times \frac{P(A)}{P(B)} \qquad \text{(公式 3-11)}$$

其中 $P(A)$ 和 $P(B)$ 分别是 A 和 B 的概率，$P(A|B)$ 是给定 B 后 A 的概率，$P(B|A)$ 是给定 A 后 B 的概率。

例如，想要找出糖尿病患者患心脏病的概率，现有数据如下：进入诊所的患者有 10%患有心脏病，有 5%的患者患有糖尿病。诊断出患有心脏病的患者中有 8%是糖尿病患者，则 $P(A) = 0.10$，$P(B) = 0.05$，且 $P(B|A) = 0.08$。采用贝叶斯定理，$P(A|B)$ $= (0.08 \times 0.1)/0.05 = 0.16$。

如果泛化这个定律，设 A_1 至 A_n 为一组互斥的结果，事件 A 的概率为 $P(A_1)$ 至 $P(A_n)$，称为先验概率。由于某个信息结果可能影响我们对任意 A_i 概率的考虑，所以需要发现每个结果 A_i 的条件概率 $P(A_i|B)$，称为 A_i 的后验概率。

采用贝叶斯定理，可有，

$$P(A_i \mid B) = \frac{P(B \mid A_1)P(A_i)}{P(B \mid A_1)P(A_1) + P(B \mid A_2)P(A_2) + \cdots + P(B \mid A_i)P(A_i)} \qquad \text{(公式 3-12)}$$

贝叶斯定理定义后验概率定义为：似然值乘以先验值再除以似然值乘以先验值之积。贝叶斯定理中的分母为概率 $P(B)$。

$$\text{后验概率} = \frac{(\text{条件概率} \times \text{先验概率})}{\text{证据}} \qquad \text{(公式 3-13)}$$

贝叶斯定理用于分类(二分类或多分类)时，称为朴素贝叶斯。之所以称为"朴素"是因为这个算法具有非常强的假设，即变量和特征相互独立，而现实世界中通常不是这样的，常常会违背该假设，但是朴素贝叶斯仍然表现良好。其想法是将所有可用证据以预测变量的形式纳入朴素贝叶斯定理，从而为分类预测得到更准确的概率。

根据贝叶斯定理，朴素贝叶斯估算出条件概率(如假设其他事情已发生时某件事情会发生的概率)。例如，设计电子邮件垃圾邮件过滤器，如果出现"折扣"一词，则发现该给定的邮件为垃圾邮件，实现起来非常轻松、快捷、稳健和准确。由于其

使用简易，所以是非常受欢迎的技术。

朴素贝叶斯算法的优点如下。

(1) 这是一种简单、简易、快捷且非常稳健的方法；

(2) 能很好地处理干净和有噪声的数据；

(3) 只要求少量的样本用于训练，但基本假设是训练数据集具有群体的真正代表性；

(4) 很轻松就能得到预测概率。

朴素贝叶斯算法的缺点如下。

(1) 该算法依赖于一个很大的假设：各自变量无关联；

(2) 通常不适合具有大量数值属性的数据集；

(3) 实践中认为朴素贝叶斯算法预测概率不如预测分类可靠；

(4) 在某些情况下可观察到，如果稀有事件不在训练数据中出现而是出现在测试集中，则估计的概率会是错误的。

当一些自变量连续时，那么是无法计算条件概率的！因此在现实世界的变量中，朴素贝叶斯会扩展为高斯朴素贝叶斯。

高斯朴素贝叶斯中假设与每个属性或自变量相关联的连续值都遵循高斯分布，也更易用，训练时就只需要估计连续变量的均值和标准差即可。

下面进入案例分析，开发朴素贝叶斯解决方案。

3.7　案例分析：人口普查数据的收入预测

业务目标：已具有人口普查数据，目标是根据其他属性值预测个人收入是否超过 5 万元/年。

数据集：数据集和代码可以从本章开头分享的 Github 链接获得。

变量描述如下所示。

- 年龄：连续值
- 工作类别：私人、自由职业非公司、自由职业公司、联邦政府、地方政府、州政府、无薪、无工作经验
- 最终权重：连续值
- 教育：学士、大学未毕业、高二、高中毕业、职业学校、大学专科、准职业学位、初三、初中一二年级、高三、硕士、小学 1～4 年级、高一、博士、小学 5～6 年级、学前
- 教育时间：连续值

- 婚姻状态：已婚平民配偶、离婚、未婚、分居、丧偶、已婚配偶异地、已婚军属
- 职业：技术支持、手工艺维修、销售、执行主管、专业技术、劳工保洁、机械操作、管理文书、农业-捕捞、运输、家政服务、保安、军人、其他职业
- 关系：妻子、孩子、丈夫、离家、其他关系、未婚
- 种族：白人、亚裔-太平洋岛裔、美洲印第安裔-爱斯基摩裔、黑人、其他
- 性别：女、男
- 资本收益：连续值
- 资本亏损：连续值
- 每周工作时长：连续值
- 原国籍：美国、柬埔寨、英国、波多黎各、加拿大、德国、美国海外属地、印度、日本、希腊、南美、中国、古巴、伊朗、洪都拉斯、菲律宾、意大利、波兰、牙买加、越南、墨西哥、葡萄牙、爱尔兰、法国、多米尼加共和国、老挝、厄瓜多尔、海地、哥伦比亚、匈牙利、危地马拉、尼加拉瓜、苏格兰、泰国、南斯拉夫、萨尔瓦多、特立尼达和多巴哥、秘鲁、荷兰
- 分类：>50000、<=50000

步骤 1：导入必要的库。

```
import pandas as pd
import numpy as np
from sklearn import preprocessing
from sklearn.model_selection import train_test_split
# 用于将数据集分割为训练和测试集
from sklearn.naive_bayes import GaussianNB
# 建立高斯朴素贝叶斯分类器模型
from sklearn.metrics import accuracy_score
# 计算模型的准确度
```

步骤 2：导入数据。请注意该文档的扩展名为.data。导入人口普查数据时要传递 4 个参数，adult.data 参数是文件名，header 参数表示数据首行是否包含文件题头，该数据集无题头，因此传递 None。delimiter 参数表示分隔数据的分隔符，这里使用 ','分隔符。分隔符允许删除数据值前后的空格，当使用的数据值空格不一致时非常有用。

```
census_df = pd.read_csv('adult.data', header = None,
delimiter=' *, *', engine='python')
```

步骤 3：为数据帧添加题头。为了稍后更好地访问各列，这是必需的。

```
census_df.columns = ['age', 'workclass', 'fnlwgt',
'education', 'education_num', 'marital_status', 'occupation',
'relationship', 'race', 'sex', 'capital_gain', 'capital_loss',
'hours_per_week', 'native_country', 'income']
```

步骤 4：输出数据帧中总的记录(行)数。

```
len(census_df)
```
输出为 32561

步骤 5：检查数据集中的空值，检查结果如图 3-20。

```
census_df.isnull().sum()
```

```
age                  0
workclass            0
fnlwgt               0
education            0
education_num        0
marital_status       0
occupation           0
relationship         0
race                 0
sex                  0
capital_gain         0
capital_loss         0
hours_per_week       0
native_country       0
income               0
dtype: int64
```

图 3-20 数据集中的空值

前面输出显示数据集中没有空值。

某些分类变量可能有缺失值，我们要进行检查。有时缺失值是由"?"替代的，检查结果如图 3-21。

```
for value in ['workclass','education','marital_status','occupation',
'relationship','race','sex','native_country','income']:
    print(value,":", sum(census_df[value] == '?'))
```

```
workclass : 1836
education : 0
marital_status : 0
occupation : 1843
relationship : 0
race : 0
sex : 0
native_country : 583
income : 0
```

图 3-21　数据集中的缺失值

前面代码片段输出显示的 workclass(工作类别)属性中缺少 1836 个值，occupation(职业)属性中缺少 1843 个值，native_country(原国籍)属性中缺少 583 个值。

步骤 6：进行数据预处理。首先创建数据帧的深层复制。

```
census_df_rev = census_df.copy(deep=True)
```

步骤 7：进行缺失值处理的任务之前需要数据帧的汇总统计，可使用 describe() 方法，用于生成各种汇总统计值，其中不包括 NaN(未定义)值。结果如图 3-22 所示。

```
census_df_rev.describe(), as follows:
```

	age	fnlwgt	education_num	capital_gain	capital_loss	hours_per_week
count	32561.000000	3.256100e+04	32561.000000	32561.000000	32561.000000	32561.000000
mean	38.581647	1.897784e+05	10.080679	1077.648844	87.303830	40.437456
std	13.640433	1.055500e+05	2.572720	7385.292085	402.960219	12.347429
min	17.000000	1.228500e+04	1.000000	0.000000	0.000000	1.000000
25%	28.000000	1.178270e+05	9.000000	0.000000	0.000000	40.000000
50%	37.000000	1.783560e+05	10.000000	0.000000	0.000000	40.000000
75%	48.000000	2.370510e+05	12.000000	0.000000	0.000000	45.000000
max	90.000000	1.484705e+06	16.000000	99999.000000	4356.000000	99.000000

图 3-22　数据帧汇总统计

```
census_df_rev.describe(include= 'all')
```

如果数据帧所有统计值都通过，则要检查所有属性的汇总值。结果如图 3-23 所示。

	age	workclass	fnlwgt	education	education_num	marital_status	occupation	relationship	race	sex	capital_gain
count	32561.000000	32561	3.256100e+04	32561	32561.000000	32561	32561	32561	32561	32561	32561.000000
unique	NaN	9	NaN	16	NaN	7	15	6	5	2	NaN
top	NaN	Private	NaN	HS-grad	NaN	Married-civ-spouse	Prof-specialty	Husband	White	Male	NaN
freq	NaN	22696	NaN	10501	NaN	14976	4140	13193	27816	21790	NaN
mean	38.581647	NaN	1.897784e+05	NaN	10.080679	NaN	NaN	NaN	NaN	NaN	1077.648844
std	13.640433	NaN	1.055500e+05	NaN	2.572720	NaN	NaN	NaN	NaN	NaN	7385.292085
min	17.000000	NaN	1.228500e+04	NaN	1.000000	NaN	NaN	NaN	NaN	NaN	0.000000
25%	28.000000	NaN	1.178270e+05	NaN	9.000000	NaN	NaN	NaN	NaN	NaN	0.000000
50%	37.000000	NaN	1.783560e+05	NaN	10.000000	NaN	NaN	NaN	NaN	NaN	0.000000
75%	48.000000	NaN	2.370510e+05	NaN	12.000000	NaN	NaN	NaN	NaN	NaN	0.000000
max	90.000000	NaN	1.484705e+06	NaN	16.000000	NaN	NaN	NaN	NaN	NaN	99999.000000

图 3-23　所有属性的汇总值

步骤 8： 插补缺失了的分类值。

```
for value in ['workclass','education','marital_status','occupation',
'relationship','race','sex','native_country','income']:
    replaceValue = census_df_rev.describe(include='all')
    [value][2]
    census_df_rev[value][census_df_rev[value]=='?'] =
    replaceValue
```

步骤 9： 一键有效编码将所有分类变量转换为数值。

```
le = preprocessing.LabelEncoder()
workclass_category = le.fit_transform(census_df.workclass)
education_category = le.fit_transform(census_df.education)
marital_category = le.fit_transform(census_df.marital_status)
occupation_category = le.fit_transform(census_df.occupation)
relationship_category = le.fit_transform(census_df.relationship)
race_category = le.fit_transform(census_df.race)
sex_category = le.fit_transform(census_df.sex)
native_country_category = le.fit_transform(census_df.native_country)
```

步骤 10： 初始化已编码的各分类列。

```
census_df_rev['workclass_category'] = workclass_category
census_df_rev['education_category'] = education_category
census_df_rev['marital_category'] = marital_category
census_df_rev['occupation_category'] = occupation_category
census_df_rev['relationship_category'] = relationship_category
census_df_rev['race_category'] = race_category
census_df_rev['sex_category'] = sex_category
```

```
census_df_rev['native_country_category'] = native_country_category
```

步骤 11：查看数据的开头几行，查询结果如图 3-24 所示。

```
census_df_rev.head()
```

	age	workclass	fnlwgt	education	education_num	marital_status	occupation	relationship	race	sex	...	native_country
0	39	State-gov	77516	Bachelors	13	Never-married	Adm-clerical	Not-in-family	White	Male	...	United-States
1	50	Self-emp-not-inc	83311	Bachelors	13	Married-civ-spouse	Exec-managerial	Husband	White	Male	...	United-States
2	38	Private	215646	HS-grad	9	Divorced	Handlers-cleaners	Not-in-family	White	Male	...	United-States
3	53	Private	234721	11th	7	Married-civ-spouse	Handlers-cleaners	Husband	Black	Male	...	United-States
4	28	Private	338409	Bachelors	13	Married-civ-spouse	Prof-specialty	Wife	Black	Female	...	Cuba

5 rows × 23 columns

图 3-24　数据开头

步骤 12：由于不再需要旧的分类列，因此可安全将其删除。

```
dummy_fields = ['workclass','education','marital_status',
'occupation','relationship','race', 'sex', 'native_country']
census_df_rev = census_df_rev.drop(dummy_fields, axis = 1)
```

步骤 13：必须重新索引所有列，可使用 reindex_axis 方法。
该方法已弃用，因此会收到错误信息，如图 3-25 所示。

```
census_df_rev = census_df_rev.reindex_axis(['age', 'workclass_
category', 'fnlwgt', 'education_category', 'education_num',
'marital_category', 'occupation_category', 'relationship_
category', 'race_category', 'sex_category', 'capital_gain',
'capital_loss', 'hours_per_week', 'native_country_category',
'income'], axis= 1) census_df_rev.head(5)
```

```
---------------------------------------------------------------------------
AttributeError                            Traceback (most recent call last)
<ipython-input-21-c1341a3f278e> in <module>
----> 1 census_df_rev = census_df_rev.reindex_axis(['age', 'workclass_category', 'fnlwgt', 'education_category',
      2                                              'education_num', 'marital_category', 'occupation_category',
      3                                              'relationship_category', 'race_category', 'sex_category', 'capital_gain',
      4                                              'capital_loss', 'hours_per_week', 'native_country_category',
      5                                              'income'], axis= 1)

~/opt/anaconda3/lib/python3.7/site-packages/pandas/core/generic.py in __getattr__(self, name)
   5177         if self._info_axis._can_hold_identifiers_and_holds_name(name):
   5178             return self[name]
-> 5179         return object.__getattribute__(self, name)
   5180
   5181     def __setattr__(self, name, value):

AttributeError: 'DataFrame' object has no attribute 'reindex_axis'
```

图 3-25　索引结果

这里使用更新了的方法，就不会显示错误，结果如图 3-26 所示。

```
census_df_rev = census_df_rev.reindex(['age', 'workclass_
category', 'fnlwgt', 'education_category', 'education_num',
'marital_category', 'occupation_category', 'relationship_
category', 'race_category', 'sex_category', 'capital_
gain', 'capital_loss', 'hours_per_week', 'native_country_
category', 'income'], axis= 1)
census_df_rev.head(5)
```

	age	workclass_category	fnlwgt	education_category	education_num	marital_category	occupation_category	relationship_category	race_category
0	39	7	77516	9	13	4	1	1	4
1	50	6	83311	9	13	2	4	0	4
2	38	4	215646	11	9	0	6	1	4
3	53	4	234721	1	7	2	6	0	2
4	28	4	338409	9	13	2	10	5	2

图 3-26　索引结果

步骤 14：将数据整理为因变量和目标变量。

```
X = census_df_rev.values[:,:14] ## 这是输入变量
Y = census_df_rev.values[:,14] ## 这是目标变量
```

步骤 15：按照 75:25 的比率将数据分为训练集和测试集。

```
X_train, X_test, Y_train, Y_test = train_test_split(X, Y,
test_size = 0.25, random_state = 5)
```

步骤 16：拟合朴素贝叶斯模型。

```
clf = GaussianNB()
clf.fit(X_train, Y_train)
```

步骤 17：现在已使用训练数据对模型分类器进行了训练，且已准备好模型分类器进行预测。我们采用 predict()方法，以测试集特征作参数。

```
Y_pred = clf.predict(X_test)
```

步骤 18：检查模型准确度。

```
accuracy_score(Y_test, Y_pred, normalize = True)
The accuracy we are getting is 0.79032.
```

通过上面的方法，我们使用实时数据集实现了朴素贝叶斯。建议理解每个步骤，

通过重复每个步骤来实践这个解决方案。

朴素贝叶斯是一种能够实践和使用的出色算法。贝叶斯统计法引起人们的广泛关注，它的功能也被广泛应用于研究领域。你可能已经听说过贝叶斯优化这个术语，贝叶斯定理的美感在于它的简单性，日常生活中显而易见，确实是直截了当的方法！

至此，我们已介绍了逻辑回归和朴素贝叶斯，现在要对更为广泛使用的分类器进行研究，称为 *k* 最近邻(knn)，是受到欢迎的方法之一，易于理解和实施。下面学习 knn。

3.8　分类的 *k* 最近邻方法

"同样羽毛的鸟群聚在一起。"这句老话很适合 *k* 最近邻方法，这是最普及的机器学习技术之一。*k* 最近邻学习是基于数据点之间的相似性，knn 是非参数模型，不会构建"模型"。knn 分类基于邻近点的多数票表决。当属性和目标类别之间关系复杂且难于理解，而类别中的项在属性值上往往相当同质时，knn 可用于分类。不过对于不整洁的数据集或目标类别不清晰的问题而言，knn 可能不是最佳选择。如果没有明确划分目标类别，则在进行多数票表决时会导致明显的混乱。knn 也可用于回归问题，对连续变量进行预测。回归的情况下，最终输出将是近邻值的平均值，并将该平均值分配给目标变量。下面我们可视化地检查下这个方法。

例如现有向量空间图中由圆圈和加号表示的数据点，如图 3-27 所示。本例中有清楚的两个类别。目标是对图 3-27(ii)所示的新数据点(标为黄色)进行分类，识别所属类别(注意，本书是黑白印刷，无法显示彩图效果)。

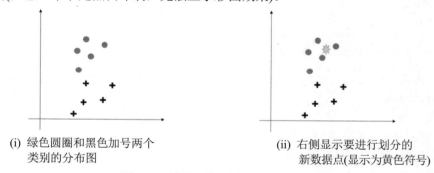

(i) 绿色圆圈和黑色加号两个　　　　　(ii) 右侧显示要进行划分的
　　类别的分布图　　　　　　　　　　　　新数据点(显示为黄色符号)

图 3-27　采用 *k* 最近邻算法做分类

黄色点只可以是圆圈或加号，knn 通过邻近的其他数据点进行多数票表决，完成分类。*k* 值指导我们考虑有多少点用于表决。假设 *k* = 4，将以黄色点作为中心制作一个圆，该圆仅需要包含四个数据点，如图 3-28(i)所示。

黄色点最近邻的四个点都属于圆圈类别，或可以讲未知黄色点的所有邻居都是圆圈。在置信水平良好的情况下可预测黄色点应该属于圆圈，这里的选择是相对容易和直接的。但请参见图 3-28(ii)，情况却不是那么简单，因此 k 的选择至关重要。

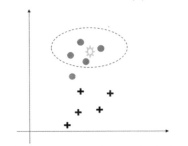
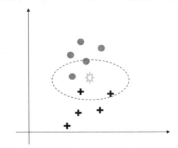

(i) 如果选择四个最近的邻居，则新的未见数
　　据出现时我们很容易就可做出决策

(ii) 右侧则显示新数据点难于进行分类
　　 划分，原因是 4 个邻居是混杂的

图 3-28　knn

k 最近邻遵循的步骤如下。

(1) 接收到要处理的原始且未分类的数据集；

(2) 从 Euclidean、Manhattan 或 Minkowski 中选择一种距离矩阵；

(3) 然后计算新数据点与已分类训练数据点的距离；

(4) 要考虑的邻居数定义为 k 值；

(5) 接着与最短距离的各分类进行比较，计算每个分类出现的次数；

(6) 票数最高的分类胜出，即最高频率且出现次数最多的分类被分配给未知数据点。

提示　参数模型会对输入数据进行一些假设，如输入数据应该具有正态分布。但非参数方法则认为数据分布不能通过有限的一组参数进行定义，因此不做任何假设。

针对 k 最近邻所讨论的步骤中可清楚地了解到最终准确度取决于所使用的距离矩阵和 k 值。

可用的常见距离矩阵如下。

(1) Euclidean(欧几里得)距离：可能是最常见和最简易的方式来计算两个点之间的距离，是距离平方和的平方根。

$$\text{Euclidean距离} = \sqrt{((y_2 - y_1)^2 + (x_2 - x_1)^2)} \qquad \text{(公式 3-14)}$$

(2) **Manhattan(曼哈顿)距离**：沿着成直角的各轴测量两点之间的距离，有时也称为城市街区距离。一个平面上，p_1 位于 (x_1, y_1) 及 p_2 位于 (x_2, y_2)。

$$\text{Manhattan距离} = |x_1 - x_2| + |y_1 - y_2| \qquad \text{(公式 3-15)}$$

(3) **Minkowski(闵氏)距离**：是赋范向量空间中的度量标准，Minkowski 距离用于衡量向量的距离相似性。给定两个或多个向量，要找到这些向量的距离相似度。Minkowski 距离主要在机器学习中用于找出距离相似度，是广义距离度量，用以下公式表示：

$$\left(\sum_{i=1}^{n} |x_i - y_i|^p \right)^{\frac{1}{p}} \qquad \text{(公式 3-16)}$$

其中使用不同的 p 值可获得不同的距离值。当 $p = 1$ 时得到 Manhattan 距离，$p = 2$ 时为 Euclidean 距离，$p = \infty$ 时则是 Chebychev(切比雪夫)距离。

(4) **余弦相似度**：是内积空间两个非零向量之间相似性的度量，用于测量它们之间夹角的余弦。$0°$ 的余弦为 1，$(0, \pi)$ 弧度区间中任意角度的余弦值小于 1。

图 3-29 中显示了各种距离。

(i) Euclidean 距离　　　　(ii) Manhattan 距离　　　　(iii) 余弦相似度

图 3-29　各种距离

提示　解决 knn 问题时通常从 Euclidean 距离开始，能满足大多数业务问题的需求。距离矩阵是无监督聚类方法(例如 k-means 聚类)中的重要参数。

k 最近邻方法的优点如下。

(1) 是一种无参方法，不对向量空间中各种类别的分布做任何假设；

(2) 可用于二分类及多分类问题；

(3) 非常容易理解和实施；

(4) 该方法稳健，例如，k 值很大就不会受到离群值的影响。

k 最近邻的缺点如下。

(1) 准确度依赖于 k 值，因此找到最优值有时会很困难；

(2) 该方法要求类别分布不能叠加；

(3) 作为模型没有特定的输出，如 k 值较小则会受到离群值的负面影响；

(4) 因为是惰性学习法，所以该方法计算强度大，必须计算所有点之间的距离，才能取多数的值，所以不是能快速应用的一种方法。

下面介绍其他形式的 knn。

半径近邻分类器

● 该分类器实现基于多个近邻的学习，这些近邻在每个训练点的固定半径 r 范围内，r 为用户指定的浮点值。

● 当数据采样不均匀时更偏向于采用这个方法。但在自变量多和稀疏数据集的情况下，则会受到"维度灾难"的影响。

提示　当维度数量增加时，空间体积以非常快的节奏增加，且结果数据变得非常稀疏，称为维度灾难。数据稀疏性使任何数据集的统计分析变得具有挑战性。

KD 树最近邻

● 如果数据集大但自变量数量少，则该方法有效。

● 该方法与其他方法相比需要的计算时间较少。

下面用 knn 创建 Python 解决方案并执行。

3.9　案例分析：k 最近邻

我们提供一个待审计的数据集,包含了在军事网络环境中模拟的各种入侵行为。通过对典型的美国空军局域网进行仿真，为网络创建获取原始 TCP/IP 转储数据的环境。该局域网像真实环境中一样成为聚焦目标，受到多次轰炸式攻击。一次连接是一个在某个时间段开始和结束的 TCP 数据包序列，在这个时间段内数据在某个定义明确的协议下在源 IP 地址和目标 IP 地址之间来回流动。此外，每个连接被标记为正常连接或仅具有一种特有攻击类型的攻击。每个连接记录由大约 100 个字节组成。针对每次 TCP/IP 连接会从正常和攻击数据获得 41 种定量和定性的特征(3 种定性特征和 38 种定量特征)。

分类变量有两个类别：正常和异常。

3.9.1 数据集

可用的数据集在 git 存储库的 Network_Intrusion.csv 文档中，本章开头分享的 Github 链接中也有可用代码。

3.9.2 业务目标

拟合 k 最近邻算法，用于检测网络入侵。

步骤 1：导入所有需要的库，有 pandas、numpy、matplotlib 及 seaborn。

```
import pandas as pd
import numpy as np
import seaborn as sns
import matplotlib.pyplot as plt
%matplotlib inline
```

步骤 2：使用 pandas 库的 read_csv 方法导入数据集。首先观察数据的前五行，结果如图 3-30 所示。

```
network_data= pd.read_csv('Network_Intrusion.csv')
network_data.head()
```

	duration	protocol_type	service	flag	src_bytes	dst_bytes	land	wrong_fragment	urgent	hot	...	dst_host_srv_count	dst_host_same_srv_rate
0	0		1	19	9	491	0	0		0	0	0	...	25	0.17
1	0		2	41	9	146	0	0		0	0	0	...	1	0.00
2	0		1	46	5	0	0	0		0	0	0	...	26	0.10
3	0		1	22	9	232	8153	0		0	0	0	...	255	1.00
4	0		1	22	9	199	420	0		0	0	0	...	255	1.00

5 rows × 42 columns

图 3-30 数据的前五行

步骤 3：采用 info()和 describe 命令完成常规的数据检查，检查结果如图 3-31 和图 3-32 所示。

```
network_data.info()
```

```
network_data.info()

<class 'pandas.core.frame.DataFrame'>
RangeIndex: 25192 entries, 0 to 25191
Data columns (total 42 columns):
duration                   25192 non-null int64
protocol_type              25192 non-null int64
service                    25192 non-null int64
flag                       25192 non-null int64
src_bytes                  25192 non-null int64
dst_bytes                  25192 non-null int64
land                       25192 non-null int64
wrong_fragment             25192 non-null int64
urgent                     25192 non-null int64
hot                        25192 non-null int64
num_failed_logins          25192 non-null int64
logged_in                  25192 non-null int64
num_compromised            25192 non-null int64
root_shell                 25192 non-null int64
su_attempted               25192 non-null int64
num_root                   25192 non-null int64
```

图 3-31　info()的数据检查结果

```
network_data.describe().transpose()
```

	count	mean	std	min	25%	50%	75%	max
duration	25192.0	305.054104	2.686556e+03	0.0	0.00	0.00	0.00	42862.0
protocol_type	25192.0	1.053827	4.269982e-01	0.0	1.00	1.00	1.00	2.0
service	25192.0	29.039139	1.555560e+01	0.0	19.00	22.00	46.00	65.0
flag	25192.0	6.982455	2.679322e+00	0.0	5.00	9.00	9.00	10.0
src_bytes	25192.0	24330.628215	2.410805e+06	0.0	0.00	44.00	279.00	381709090.0
dst_bytes	25192.0	3491.847174	8.883072e+04	0.0	0.00	0.00	530.25	5151385.0
land	25192.0	0.000079	8.909946e-03	0.0	0.00	0.00	0.00	1.0
wrong_fragment	25192.0	0.023738	2.602208e-01	0.0	0.00	0.00	0.00	3.0
urgent	25192.0	0.000040	6.300408e-03	0.0	0.00	0.00	0.00	1.0
hot	25192.0	0.198039	2.154202e+00	0.0	0.00	0.00	0.00	77.0
num_failed_logins	25192.0	0.001191	4.541818e-02	0.0	0.00	0.00	0.00	4.0
logged_in	25192.0	0.394768	4.888105e-01	0.0	0.00	0.00	1.00	1.0

图 3-32　describe()的检查结果

步骤 4：检查空值。幸运的是，本数据集中无空值。

```
network_data.isnull().sum()
```

提示　本数据集无任何空值。第 5 章将详细研究如何处理空值、缺失值、无效值等。

步骤 5：查看类别分布并进行可视化，结果如图 3-33 和图 3-34 所示。

```
network_data["class"].value_counts(normalize=True)
```

```
network_data["class"].value_counts(normalize=True)
```

```
1    0.53386
0    0.46614
Name: class, dtype: float64
```

图 3-33　类别分布结果

```
pd.value_counts(network_data["class"]).plot(kind="bar")
```

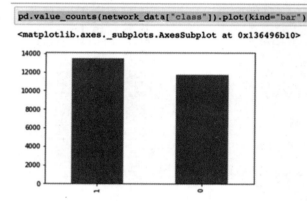

图 3-34　可视化结果

步骤 6：本数据集中有一些分类变量，必须采用 one-hot 编码(一键有效编码)将其转换为数值变量。

```
from sklearn.preprocessing import LabelEncoder
label_encoder = LabelEncoder()
network_data['class'] = label_encoder.
fit_transform(dataset['class'])
network_data['protocol_type'] = label_encoder.
fit_transform(dataset['protocol_type'])
network_data['service'] = label_encoder.
fit_transform(dataset['service'])
network_data['flag'] = label_encoder.fit_transform(dataset['flag'])
```

步骤 7：one-hot 编码增加了数据集中的变量数量，可查看增加了变量的数据集列数。

```
network_data.columns
```

步骤 8：采用 scikit learn 库中的 StandardScaler 标准化数据集。

```
from sklearn import preprocessing
```

```
from sklearn.preprocessing import StandardScaler
X_std = pd.DataFrame(StandardScaler().fit_transform
(network_data))
X_std.columns = network_data.columns
```

步骤 9：将数据分割为训练集和测试集，按 80:20 比率分割数据。

```
import numpy as np
from sklearn.cross_validation import train_test_split
X = np.array(network_data.ix[:, 1:5]) #Transform data into features
y = np.array(network_data['class']) #Transform data into targets
X_train, X_test, y_train, y_test = train_test_split(X, y,
test_size=0.2, random_state=7)
```

步骤 10：sklearn.cross_validation 已废除，因此会收到如图 3-35 所示的错误。

```
# split into train and test
X_train, X_test, y_train, y_test = train_test_split(X, y, test_size=0.2, random_state=7)
-----------------------------------------------------------------------------
ModuleNotFoundError                       Traceback (most recent call last)
<ipython-input-57-3ff897371412> in <module>
      2 import numpy as np
      3
----> 4 from sklearn.cross_validation import train_test_split
      5
      6 # Transform data into features and target

ModuleNotFoundError: No module named 'sklearn.cross_validation'
```

图 3-35　分割数据集时收到错误报告

之后采用 sklearn.model_ selection 分割训练集和测试集。

```
from sklearn.model_selection import train_test_split
# Transform data into features and target
X = np.array(network_data.ix[:, 1:5])
y = np.array(network_data['class'])
# split into train and test
X_train, X_test, y_train, y_test = train_test_split(X, y,
test_size=0.2, random_state=7)
```

步骤 11：通过 print(X_train.shape)及 print(y_train.shape)输出训练数据形状，结果如图 3-36 所示。

```
print(y_train.shape)
```

```
print(X_train.shape)
print(y_train.shape)

(20153, 4)
(20153,)
```

图 3-36　训练数据形状

步骤 12：通过 print(X_test.shape)及 print(y_test.shape)输出测试数据形状，结果如图 3-37 所示。

```
print(X_test.shape)
print(y_test.shape)

(5039, 4)
(5039,)
```

图 3-37　测试数据形状

步骤 13：采用训练数据及不同的 k 值迭代地训练模型，k=3，5，9。

```
from sklearn.neighbors import KNeighborsClassifier
from sklearn.metrics import accuracy_score
from sklearn.metrics import recall_score
# instantiate learning model (k = 3)
knn_model = KNeighborsClassifier(n_neighbors = 3)
Fitting the model
knn_model.fit(X_train, y_train)
y_pred = knn_model.predict(X_test) # predict the response
print(accuracy_score(y_test, y_pred)) # Evaluate accuracy
The answer is 0.9902758483826156
knn_model = KNeighborsClassifier(n_neighbors=5) # With k = 5
knn_model.fit(X_train, y_train) # Fitting the model
y_pred = knn_model.predict(X_test) # Predict the response
print(accuracy_score(y_test, y_pred)) # Evaluate accuracy
The answer is 0.9882913276443739
With k = 9
knn_model = KNeighborsClassifier(n_neighbors=9)
knn_model.fit(X_train, y_train) # Fitting the model
y_pred = knn_model.predict(X_test) # Predict the response
print(accuracy_score(y_test, y_pred)) # Evaluate accuracy
The answer is 0.9867037110537805
```

步骤 14：上面已测试了三个不同 k 值，现在迭代更多 k 值。将近邻数量设为 1，3，5…19 后运行 knn，然后根据最小分类误差找到最佳近邻数量。

```
k_list = list(range(1,20)) # creating odd list of K for KNN
k_neighbors = list(filter(lambda x: x % 2 != 0, k_list))
# subsetting just the odd ones
ac_scores = [] # empty list that will hold accuracy scores
# perform accuracy metrics for values from 1,3,5....19
for k in k_neighbors:
    knn_model = KNeighborsClassifier(n_neighbors=k)
    knn_model.fit(X_train, y_train)
    y_pred = knn_model.predict(X_test) # predict the response
    scores = accuracy_score(y_test, y_pred) # evaluate accuracy
    ac_scores.append(scores)
# changing to misclassification error
MSE = [1 - x for x in ac_scores]
# determining best k
optimal_k = k_neighbors[MSE.index(min(MSE))]
print("The optimal number of neighbors is %d" % optimal_k)
```

步骤 15：输出不同 k 值对分类误差造成的影响，结果如图 3-38 所示。

```
import matplotlib.pyplot as plt
# plot misclassification error vs k
plt.plot(k_neighbors, MSE)
plt.xlabel('Number of Neighbors K')
plt.ylabel('Misclassification Error')
plt.show()
```

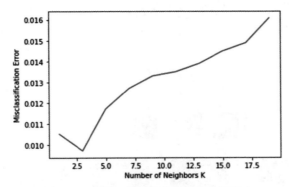

图 3-38 不同 k 值对分类误差造成的影响

步骤 16：可看出 k=3 时误差最小。检查模型性能。

```
#Use k=3 as the final model for prediction
```

```
knn = KNeighborsClassifier(n_neighbors = 3)
# fitting the model
knn.fit(X_train, y_train)
# predict the response
y_pred = knn.predict(X_test)
# evaluate accuracy
print(accuracy_score(y_test, y_pred))
print(recall_score(y_test, y_pred))
```

准确度和召回率分别为 0.9902758483826156 及 0.9911944869831547。

$k=3$ 时准确度和召回率良好，可考虑将该模型作为最终要使用的模型。

我们用 knn 建立了解决方案并取得了良好的准确率，k 最近邻非常易于解释和可视化。由于 knn 不需要过多统计学或数学知识，即使对于非数据科学背景的用户来说，这种方法理解起来也不是很乏味，是该方法最重要的属性之一。作为无参方法，不需要对数据做假设，因此需要的数据准备较少。

我们讨论了逻辑回归、朴素贝叶斯及 k 最近邻方法。一般来讲，在开始任何分类解决方案时，都应从这三种算法入手检查各自的准确度。下一节介绍基于树的算法：决策树及随机森林。由于已在第 2 章中讨论了两种方法的概念，因此下面将讨论两种方法的差异并基于数据集予以实现。

3.10 分类的基于树算法

回顾一下第 2 章中学习的用决策树预测连续变量值。鉴于决策树可用于分类和回归问题，本章将学习采用决策树解决分类问题。决策树的构建块维持不变，如图 3-39 所示。

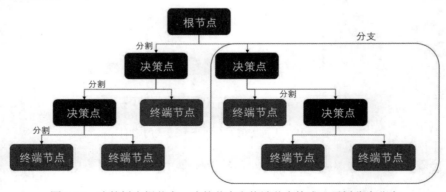

图 3-39 决策树由根节点、决策节点和终端节点构成，子树称为分支

这里要讨论的是与分类算法的分割过程的不同之处。

分割的目的是创建尽可能多的纯节点。如果分割后的结果节点包含属于同一类别的所有数据点，则称为纯或同质。若节点包含属于不同类别的记录，则节点不纯或异质。有三种主要方式测量不纯度：熵、基尼系数和分类误差。现在对这些方法进行详细描述并比较各自的过程。请思考表 3-3 中的数据集。

表 3-3　交通模式依赖于性别和收入水平等其他因素

车辆计数	性别	花费	收入	交通模式
1	女	较少	中产	火车
0	男	较少	低收入	公共汽车
1	女	高	中产	火车
1	男	较少	中产	公共汽车
0	男	中等	中产	火车
1	男	较少	中产	公共汽车
2	女	高	高等	轿车
0	女	较少	低收入	公共汽车
2	男	高	中产	轿车
1	女	高	高等	轿车

如果要训练某个算法来预测交通方式，根据前面示例可计算各种交通模式的概率为：

概率（公共汽车）= 4/10 = 0.4
概率（轿车）= 3/10 = 0.3
概率（火车）= 3/10 = 0.3

下面讨论三种方式：熵、基尼系数及分类误差。

熵：熵和信息增益密切关联。一个纯节点描述自己需要的信息较少，而不纯节点则要更多信息，也可以采用熵的形式理解(信息增益 = 1 - 熵)。

$$系统熵 = -p \log_2 p - q \log_2 q \qquad \text{(公式 3-17)}$$

其中 p 和 q 分别是该节点成功和失败的概率，对数的底为 2。

上例中熵 = $-0.4 \times (\log 0.4) - 0.3 \times (\log 0.3) - 0.3 \times (\log 0.3) = 1.571$

纯节点的熵为 0，如图 3-40 所示。

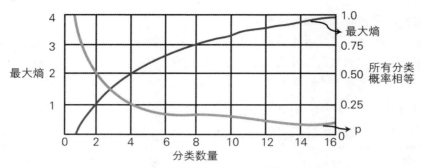

图 3-40　不同分类个数(n)的最大熵值。概率 $p = 1/n$

基尼系数：基尼系数可用于测量不纯度，使用公式如下。

$$基尼系数 = 1 - \Sigma p^2{}_j \qquad\qquad (公式\ 3\text{-}18)$$

上例中基尼系数 $= 1 - (0.4^2 + 0.3^2 + 0.3^2) = 0.660$

　　一个包含单一分类节点的基尼系数为 0，因其概率为 1。与熵相同，当一个节点内所有分类具有相同概率时，基尼值取得最大值。基尼系数的迁移如图 3-41 所示。

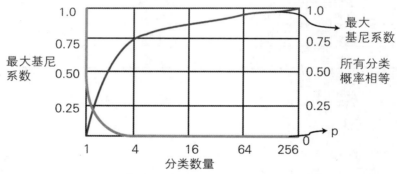

图 3-41　不同分类个数(n)的最大基尼系数值。概率 $p = 1/n$

基尼系数值始终在 0 和 1 之间，与模型中分类个数无关。

　　分类误差：下一种测量不纯度的方法是采用分类误差，公式如下。

$$分类误差指数 = 1 - \max(p_i) \qquad\qquad (公式\ 3\text{-}19)$$

其中 i 是分类个数。

与其他两种方法相似，分类误差指数值在 0 和 1 之间。

上例中分类误差指数 $= 1 - \max(0.4,\ 0.3,\ 0.3) = 0.6$

　　分类问题可采用这三种分割方法中的任意一种解决，有一些常用的决策树算法可用于回归和分类问题。由于已研究过了回归和分类的概念，下一节是我们研究不同类型的决策树算法的大好时机。

3.11　决策树算法类型

有一些重要的决策树算法应用到了各个行业中，其中一些适用于分类问题，而另一些则更适合解决回归问题。这里讨论算法的各个方面。

突出的各种算法如下。

(1) **ID3** 或迭代二叉树 3 代是一种决策树算法，使用贪婪搜索在每次迭代中分割数据集。该方法采用熵或信息增益作为因子，进行迭代分割。针对模型中的逐次迭代，该算法采用上次迭代中未使用的变量，计算未使用变量的熵，然后选择具有最小熵的变量。换句话说，该算法选择具有最高信息增益的变量。ID3 这个方法会导致过拟合，可能不是最佳选择，但在分类变量中表现得很好。当数据集包含连续变量时，该算法的收敛速度会变慢，因为连续变量有太多值要完成节点分割。

(2) **CART** 或分类和回归树是基于树的灵活解决方案，可为连续或分类目标变量建模，因此是高频率使用的基于树的算法之一。与常规的决策树算法一样，CART 选择输入变量并迭代分割节点直到得到一棵健壮的树。采用贪婪方法选择输入变量，目标是将损失最小化。根据预定义的终止条件，如每个叶子中都存在最小观测值时，停止树的构建。Python 库中 scikitlearn 使用了 CART 的优化版本，但目前还不支持分类变量。

(3) **C4.5** 是对 ID3 的扩展，用于分类问题。与 ID3 相似，该算法利用熵或信息增益进行分割。鉴于该算法可处理分类和连续变量，因此是一种稳健的选择。针对连续变量，该算法分配一个阈值并根据阈值进行分割，大于阈值的变量在一个桶内，而小于或等于阈值的变量在另一桶内。该算法允许数据中有缺失值，因为计算熵值时不考虑缺失值。

(4) **CHAID(卡方自动交互检测法)** 在市场研究和市场营销领域中是一种流行的算法，例如，要想理解某一客户群体如何响应新的市场营销活动。该市场营销活动可以是针对新产品或新服务，将有益于市场营销团队根据响应制定相应的策略。CHAID 主要基于可调整的显著性检验，大多数时候用于一个分类目标变量和多个分类自变量。事实证明，这种数据集的可视化非常便捷。

(5) **MARS** 或多变量适应性回归曲线是一种无参回归技术，大多数时候适用于测量变量之间的非线性关系，是一种可处理分类和连续变量的回归模型，非常灵活，也是处理海量数据集的稳健解决方案，需要的数据准备非常少，实现也比较快。由于 MARS 的灵活性和为数据集中非线性数据建模的能力，通常是解决模型中过拟合的一种良好选择。

前面讨论的基于树的算法各有其独特之处，其中有些算法更适合于分类问题，而有些则更适合于回归问题。CART 可同时用于解决分类和回归问题。

现在用决策树研究一个案例。

本章开头的 Github 链接中有可用的代码和数据集。

可采用逻辑回归问题中所用的同样的数据集，创建训练和测试数据后，执行如下步骤。

步骤 1：首先导入必要的库。

```
from sklearn.tree import DecisionTreeClassifier
```

步骤 2：现在调用决策树分类器并训练模型。

```
dt_classifier = DecisionTreeClassifier()
dt_classifier.fit(X_train, y_train)
```

步骤 3：采用已训练模型对测试数据做预测。

```
y_pred = dt_classifier.predict(X_test)
```

步骤 4：得到混淆矩阵，如图 3-42 所示。如果要可视化混淆矩阵，建议采用逻辑回归中使用的方法。

```
print(confusion_matrix(y_test, y_pred))
ax= plt.subplot()
ax.set_ylim(2.0, 0)
annot_kws = {"ha": 'left',"va": 'top'}
sns.heatmap(mat_test, annot=True, ax = ax, fmt= 'g',
annot_kws=annot_kws); #annot=True to annotate cells
ax.set_xlabel('Predicted labels');
ax.set_ylabel('True labels');
ax.set_title('Confusion Matrix');
ax.xaxis.set_ticklabels(['Not Approved', 'Approved']);
ax.yaxis.set_ticklabels(['Not Approved', 'Approved']);
```

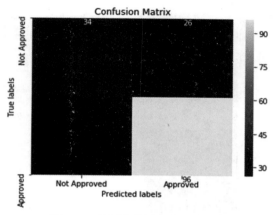

图 3-42　使用决策树生成混淆矩阵

现在采用随机森林模型为同一问题建模。回顾一下：随机森林是基于集成的技术，采用数据子集创建多个较小的树，最终决策是根据每棵树的投票机制。上一章中已使用随机森林处理回归问题，这里使用随机森林解决分类问题。

提示　决策树一般易于过拟合；基于集成的随机森林模型则是应对过拟合的良好选择。

步骤 1：导入库并拟合模型，创建一个具有 500 棵树的模型。

```
from sklearn.ensemble import RandomForestClassifier
rf_model = RandomForestClassifier(n_estimators=500, bootstrap = True,
                                  max_features = 'sqrt')
Now we will fit on training data
rf_model.fit(X_train, y_train)
```

步骤 2：对测试数据做预测，并为混淆矩阵绘图，如图 3-43 所示。

```
y_pred = rf_model.predict(X_test)
print(confusion_matrix(y_test, y_pred))
ax= plt.subplot()
ax.set_ylim(2.0, 0)
annot_kws = {"ha": 'left',"va": 'top'}
sns.heatmap(mat_test, annot=True, ax = ax, fmt= 'g',
annot_kws=annot_kws); #annot=True to annotate cells
ax.set_xlabel('Predicted labels');
ax.set_ylabel('True labels');
ax.set_title('Confusion Matrix');
```

```
ax.xaxis.set_ticklabels(['Not Approved', 'Approved']);
ax.yaxis.set_ticklabels(['Not Approved', 'Approved']);
```

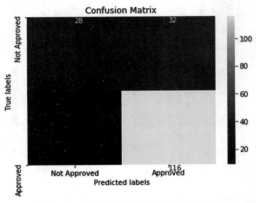

图 3-43   使用随机森林生成混淆矩阵

这就是决策树算法和基于集成的随机森林算法的实现。基于树的算法非常容易理解和实现，一般是实现和测试系统准确度的首选算法之一。如果要创建快速解决方案，就推荐基于树的解决方案。但这种方法易于过拟合，可通过剪枝或限制树的大小来克服过拟合，在第 5 章将再次接触该概念，会讨论所有克服机器学习模型中过拟合问题的技术。

至此就到了基于树的算法讨论的尾声，本章研究了分类算法并对其进行了实现。在工业中这些算法非常普及，其功能也足够强大并有助于建立稳健的机器学习模型。总的来讲，开始时用这些算法测试数据，然后挑选具有最佳结果的那种算法，之后进一步调整该算法直到获得最期望的输出。期望的输出可能不是最复杂的解决方案，但一定会提供所期望的度量参数、再现性、稳健性、灵活性及易部署性。请记住复杂度不与准确度成正比，更复杂的模型并不意味着更好的性能!

3.12   小结

预测是人们手中拥有的强大工具，使用这些机器学习算法不仅能做出自信的决定，还可以确定影响这个决定的因素。银行、零售、制造业、保险、航空等行业中广泛使用了这些算法，用途包括欺诈检测、质量检查、客户流失预测、贷款违约预测等。

我们应注意到的是这些算法不是唯一的知识来源。完备的探索性分析是良好机器学习算法的前提，而最重要的资源是"数据"本身。高质量且具有代表性的数据集至关重要，在第 1 章中已讨论了良好数据集的各种品质。

我们有必要从开始就提出完善的业务问题，目标变量的选择应与手头的业务问题一致。用于训练算法的训练数据起关键作用，算法所学习到的模式就取决于训练数据集。请务必注意使用各种参数(例如精确率、召回率、AUC、F1 分数等)度量该算法的性能，在训练、测试和校验数据集上表现良好的算法会是最佳算法，但是仍有其他参数用于选择可部署到生产中的最终算法，将在第 5 章中讨论。

第 1 章中研究了机器学习、各种类型、数据和数据质量属性及机器学习过程，第 2 章中讨论了采用机器学习算法为连续变量建模。本章则通过分类算法对上述知识进行补充。开篇几章已为读者奠定了坚实的基础，可解决数据科学世界中大多数业务问题，也为读者进入第 4 章做好了准备。

第 1~3 章已讨论了初级和中级算法,下一章将涵盖用于解决回归和分类问题的更复杂的算法，如支持向量机、梯度提升及神经网络。请持续保持关注！

练习题

问题 1：逻辑回归算法如何进行分类预测？

问题 2：精确率和召回率的区别？

问题 3：什么是后验概率？

问题 4：朴素贝叶斯算法的假设是什么？

问题 5：如何选择 k 最近邻算法的 k 值？

问题 6：分类算法的各种性能度量参数有哪些？

问题 7：1912 年泰坦尼克号的沉没令人伤心欲绝，有些乘客幸存下来，有些没能幸免。从 https://www.kaggle.com/c/titanic 下载数据集，采用机器学习预测哪些乘客比其他乘客更有可能幸存下来，请以乘客的各种属性为依据。

问题 8：使用以下命令加载数据集 iris：

```
from sklearn.datasets import load_iris
iris = load_iris()
```

上一章中已处理了同样的数据集，这里采用分类算法划分鸢尾花的种类，并比较结果。

问题 9：从链接 https://archive.ics.uci.edu/ml/datasets/Bank+Marketing 下载银行市场营销数据集。该数据与一家葡萄牙银行机构的直销活动(电话)有关，分类问题的目标是预测客户是否会购买定期存款产品。创建各种分类模型并比较各关键性能指标。

问题 10：从 https://www.kaggle.com/uciml/german-credit 获取德国信用卡风险数

121

据，数据集包含每个从银行获得信贷的人的属性，目的是根据其属性把每个人的信用风险划分为良或不良，使用分类算法创建模型并选择最佳模型。

问题 11：阅读 https://www.ncbi.nlm.nih.gov/pmc/articles/PMC6696525/ 上关于逻辑回归的研究论文。

问题 12：阅读 https://aip.scitation.org/doi/pdf/10.1063/1.4977376 上关于随机森林的研究论文，链接 https://aip.scitation.org/doi/10.1063/1.4952607 上还有一篇好论文。

问题 13：研究 https://pdfs.semanticscholar.org/a196/39771e987588b378879c65300b61b4af86af.pdf 上关于 knn 的研究论文。

问题 14：学习 https://www.cc.gatech.edu/~isbell/reading/papers/Rish.pdf 上关于朴素贝叶斯的研究论文。

第 **4** 章
监督学习高级算法

"真正的智慧是一门能简化复杂事务而又不使其失去完整性的艺术。"

——Sumit Singh

人们的生活是复杂的，每天必须处理复杂事务——家里、工作中、上班途中、家庭中及事业目标等。成功有很多途径，但成功的定义却是主观且复杂的，人们始终在努力地去发现能使成功的道路变得轻松的各种最佳方法。

如生活一样，数据往往非常复杂，需要更高级的算法、尖端技术、创造性方法及创新型过程来理解。但任何解决方案、算法、研究方法和过程的核心都是需要解决手边的业务问题，而大多数业务问题都涉及如何增加收益并降低成本。利用这样先进的方法论，我们可以理解系统生成的复杂数据集。

在本书前三章中，我们利用了几个算法学习回归和分类问题的机器学习方法，研究了各种概念并为之开发了 Python 解决方案。在本章中，将继续介绍高级算法，研究各种高级算法并讨论其数学概念和编码逻辑。本章不只处理结构化数据，还将处理非结构化数据——文本和图像。

本章将研究提升法及支持向量机等高级算法，并深入研究文本和图像数据，采用自然语言处理(NLP)原理和图像分析来解决该挑战。深度学习可用于解决复杂问题，因此我们将在结构化数据和非结构化图像数据集上实现深度学习，为所有代码文件和数据集提供分步骤的说明。

4.1 所需技术工具

本书使用 Python 3.5 或更高版本，建议在计算机上安装 Python。本书采用 Jupyter Notebook 应用程序，执行代码则需要安装 Anaconda-Navigator。所有数据集和代码都已上传至 Github 库，链接为 https://github.com/Apress/supervised-learning-w-python/tree/ master/Chapter%204，可轻松下载并执行。

所使用的主要库有 numpy、pandas、matplotlib、seaborn、scikit learn 等，建议在 Python 环境中安装这些库。本章中会用到 NLP，因此要使用 NLTK 库和 RegexpTokenizer，还需要 Keras 和 TensorFlow 库文件。

下面讲解基于集成的提升算法并深入学习各种概念！

4.2 提升算法

回顾上一章中学习的集成建模技术，讨论了袋装算法并用随机森林建立了解决方案，这里将继续介绍集成建模技术，下一算法是提升法。

正式地讲，提升法是从弱分类器中创建强分类器的集成方法，依次创建新模型，确保从前一模型的误差或错误分类中学习经验，如图 4-1 所示。思路是赋予误差更高的重要性，然后改善建模并最终生成一个强模型。

起始从训练集得到一个子集，其中所有数据点赋予同等权重，这样创建出模型的基础版本(称为 M1)，然后基于错误预测来计算损失。下一次迭代中对不正确的数据点会赋予更高的权重并创建另一模型(称为 M2)。思路是由于 M2 有改善并会尝试修正 M1 的误差，因此 M2 比 M1 好。该过程继续创建多个模型，每个模型较上一模型都会有所改善。最终模型是前面所有模型的加权平均，并将成为强学习器。

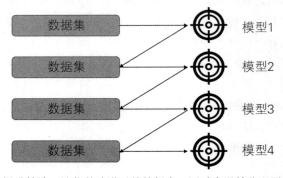

图 4-1　提升算法可迭代并改进以前的版本，同时为误差分配更高的权重

有多种类型的提升算法可用。

(1) **梯度提升法**：梯度提升法可处理分类和回归问题。例如，回归树可用作基学习器，每棵后续的树会改善前一棵树，所形成的整体学习器逐渐改善具有很高初始残差值的观察值。

梯度提升法的属性如下。

a. 从完整数据集中获得子集，用于创建基学习器；

b. 识别各种难解的观察值，或者通过确定前一模型中残差值来进行偏移；

c. 这个算法的中心思想是通过计算的梯度来识别分类错误。该算法创建新的基础学习器，这些学习器与损失函数的负梯度最大相关，而负梯度又与完整的集成解决方案相关；

d. 该方法进一步剖析误差成分，添加有关残差的更多信息。

(2) **AdaBoosting**：AdaBoosting 或自适应提升法是梯度提升的特例，其创建迭代模型是为了改进前一模型。开始时利用数据子集创建一个基础模型为整个数据集做预测，通过计算误差来度量性能后创建下一模型，为未正确预测的数据点赋予更高权重，权重与误差成正比，即误差越大则分配的权重越高。由此创建的下一模型是对前一模型的改进，这个过程持续进行。当无法进一步减小误差时，这个过程停止，我们就能得到最终的模型，也就是最佳模型。

AdaBoost 具有下列属性。

a. AdaBoost 通过为上一步中错误分类的观察值分配更高权重以完成偏移；

b. 通过高权重观察值识别错误分类；

c. AdaBoost 的指数损失为前一模型中拟合不好的样本分配更高的权重。

(3) **极限梯度提升法**：XGB 极限梯度提升法是一种高级提升算法，近段时间变得非常流行并赢得许多数据科学和机器学习竞赛。是一种极度准确，能够快速实现的解决方案。

XGB 的属性如下。

a. XGB 是一种非常快的算法，因为该算法允许并行处理，所以比标准的梯度提升算法更快；

b. 通过实现正则化技术解决过拟合问题；

c. 因为具有内置机制处理数据集中缺失值，该算法能很好地处理具有缺失值的杂乱数据集。不需要另外处理数据中存在的缺失值是该算法的优点之一；

d. 这是一种非常灵活的算法，允许我们自定义优化目标和评估标准；

e. 每次迭代的交叉验证产生出最佳的提升迭代次数，使得这个算法比对应的其他算法更好。

(4) **CatBoost**：处理分类变量时 CatBoost 法是绝佳的解决方案。典型的机器学习模型中采用一键有效编码处理分类变量。例如，一个数据集中具有"城市"这个分类变量，可将其转换为数值变量，如表 4-1 所示。

表 4-1　一键有效编码将分类变量转换为数值变量

客户号	收入	城市	商品	客户号	收入	新德里	伦敦	东京	纽约	商品
1001	100	新德里	4	1001	100	1	0	0	0	4
1002	101	伦敦	5	1002	101	0	1	0	0	5
1003	102	东京	6	1003	102	0	0	1	0	6
1004	104	新德里	8	1004	104	1	0	0	0	8
1001	100	纽约	4	1001	100	0	0	0	1	4
1005	105	伦敦	5	1005	105	0	1	0	0	5

如果"城市"变量具有 100 个独一无二的值，则一键有效编码将在数据集中增加 100 个额外的维度，结果数据集会变得非常稀疏。稀疏性指一列中仅有几行的值为 1，其余为 0。例如，表 4-1 中"东京"只有一个值为 1，也就是这个矩阵含有的 0 比 1 多，因此操作需要很长的时间。如果结果维度的数量太大，就会对内存产生巨大的需求。

CatBoost 法不会遇到这个问题，CatBoost 在内部处理分类变量，不必另花费时间处理。

(5) **轻量梯度提升法**：顾名思义，轻量梯度提升法比其他对应的算法在计算上成本更低廉。数据集相当大时，就应选择这个提升算法。相对于其他基于层次的方式，这个算法实现基于树的算法，并且采用了基于叶的方式，如图 4-2 所示。

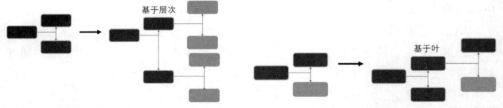

图 4-2　其他提升算法采用基于层次的方式，而基于叶的方式使轻量梯度提升非常适合大数据集

目前已讨论了不同类型的提升算法，根据现有的业务问题和可用的数据集，我们会偏向某一种方法。近段时间，极限梯度提升法(又称 XGB)很受欢迎，这是一种非常稳健的技术，能提供更好的结果并在内部处理过拟合。

下面用 Python 实现梯度提升算法的案例。

使用梯度提升算法

该案例分析中将实现多个算法。此前已研究了多个算法，有些是基于集成的高级算法，现在是比较各种算法准确度的时候了。

我们将完成 EDA、建立训练-测试分割，然后实现决策树、随机森林、袋装法、AdaBoost 及梯度提升算法，最后比较所有算法的性能。

可从本章开头的 Github 链接下载数据集和代码，数据用于根据参数预测葡萄酒的品质，参数有固定酸度、挥发性酸度等。

步骤 1：首先导入所有库。

```
%matplotlib inline
import numpy as np
import pandas as pd
from sklearn.tree import DecisionTreeClassifier
import numpy as np
import pandas as pd
import seaborn as sns
from matplotlib import pyplot as plt
from sklearn.model_selection import train_test_split
from sklearn.tree import DecisionTreeClassifier
from sklearn import metrics
from sklearn.metrics import accuracy_score,f1_score,recall_
score,precision_score, confusion_matrix
%matplotlib inline
from sklearn.feature_extraction.text import CountVectorizer
```

步骤 2：导入数据集。

```
wine_quality_data_frame = pd.read_csv('winequality-red-1.
csv',sep=';')
```

步骤 3：输出数据的前 5 个样本，结果如图 4-3。

```
wine_quality_data_frame.head(5)
```

```
wine_quality_data_frame.head(5)
```

	fixed acidity	volatile acidity	citric acid	residual sugar	chlorides	free sulfur dioxide	total sulfur dioxide	density	pH	sulphates	alcohol	quality
0	7.4	0.70	0.00	1.9	0.076	11.0	34.0	0.9978	3.51	0.56	9.4	5
1	7.8	0.88	0.00	2.6	0.098	25.0	67.0	0.9968	3.20	0.68	9.8	5
2	7.8	0.76	0.04	2.3	0.092	15.0	54.0	0.9970	3.26	0.65	9.8	5
3	11.2	0.28	0.56	1.9	0.075	17.0	60.0	0.9980	3.16	0.58	9.8	6
4	7.4	0.70	0.00	1.9	0.076	11.0	34.0	0.9978	3.51	0.56	9.4	5

图 4-3　数据的前 5 个样本

步骤 4：获取数据类型信息，结果如图 4-4。

```
wine_quality_data_frame.info()
```

```
wine_quality_data_frame.info()

<class 'pandas.core.frame.DataFrame'>
RangeIndex: 1599 entries, 0 to 1598
Data columns (total 12 columns):
fixed acidity          1599 non-null float64
volatile acidity       1599 non-null float64
citric acid            1599 non-null float64
residual sugar         1599 non-null float64
chlorides              1599 non-null float64
free sulfur dioxide    1599 non-null float64
total sulfur dioxide   1599 non-null float64
density                1599 non-null float64
pH                     1599 non-null float64
sulphates              1599 non-null float64
alcohol                1599 non-null float64
quality                1599 non-null int64
dtypes: float64(11), int64(1)
memory usage: 150.0 KB
```

图 4-4　数据类型信息

步骤 5：获取数据集中出现的数值变量的详细信息，如图 4-5 所示。

```
wine_quality_data_frame.describe()
```

```
wine_quality_data_frame.describe()
```

	fixed acidity	volatile acidity	citric acid	residual sugar	chlorides	free sulfur dioxide	total sulfur dioxide	density	pH	sulphates	alcohol
count	1599.000000	1599.000000	1599.000000	1599.000000	1599.000000	1599.000000	1599.000000	1599.000000	1599.000000	1599.000000	1599.000000
mean	8.319637	0.527821	0.270976	2.538806	0.087467	15.874922	46.467792	0.996747	3.311113	0.658149	10.422983
std	1.741096	0.179060	0.194801	1.409928	0.047065	10.460157	32.895324	0.001887	0.154386	0.169507	1.065668
min	4.600000	0.120000	0.000000	0.900000	0.012000	1.000000	6.000000	0.990070	2.740000	0.330000	8.400000
25%	7.100000	0.390000	0.090000	1.900000	0.070000	7.000000	22.000000	0.995600	3.210000	0.550000	9.500000
50%	7.900000	0.520000	0.260000	2.200000	0.079000	14.000000	38.000000	0.996750	3.310000	0.620000	10.200000
75%	9.200000	0.640000	0.420000	2.600000	0.090000	21.000000	62.000000	0.997835	3.400000	0.730000	11.100000
max	15.900000	1.580000	1.000000	15.500000	0.611000	72.000000	289.000000	1.003690	4.010000	2.000000	14.900000

图 4-5　数据集中的数值变量的详细信息

步骤 6：对数据集进行分析和可视化，结果如图 4-6 和图 4-7 所示。

```
import matplotlib.pyplot as plt import seaborn as sns
sns.countplot(wine_quality_data_frame['quality'])
```

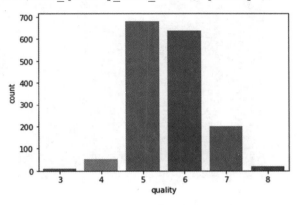

图 4-6　品质可视化结果

```
sns.distplot(wine_quality_data_frame['volatile acidity'])
```

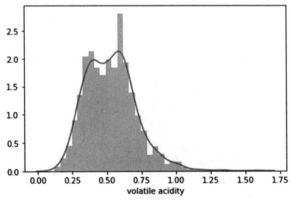

图 4-7　挥发性酸度可视化结果

创建关联图以便观察变量之间的关系，如图 4-8。

```
plt.figure(figsize=(10,10))
sns.heatmap(wine_quality_data_frame.corr(),
            annot=True,
            linewidths=.5,
            center=0,
            cbar=False,
            cmap="Blues")
plt.show()
```

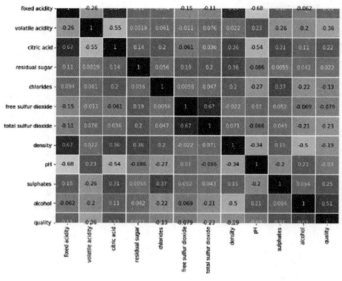

图 4-8　关联图

步骤 7：分析目标变量的频率，如图 4-9 所示。

```
wine_quality_data_frame['quality'].value_counts()
```

```
5      681
6      638
7      199
4       53
8       18
3       10
Name: quality, dtype: int64
```

图 4-9　目标变量的频率

步骤 8：这里要组合几个层次才可以拥有平衡的目标变量。如观察所见，层次 3、4、8 具有较低的值，因此与其他层次组合。

```
wine_quality_data_frame['quality'] = wine_quality_data_
frame['quality'].replace(8,7)
wine_quality_data_frame['quality'] = wine_quality_data_
frame['quality'].replace(3,5)
wine_quality_data_frame['quality'] = wine_quality_data_
frame['quality'].replace(4,5)
wine_quality_data_frame['quality'].value_counts()
```

步骤 9：分割训练和测试数据。

```
from sklearn.model_selection import train_test_split

X_train, X_test, y_train, y_test =train_test_split(wine_
quality_data_frame.drop('quality',axis=1), wine_quality_data_
frame['quality'], test_size=.20, random_state=5)
X_train.shape,X_test.shape
```

步骤 10：完成决策树的实现。

```
dt_entropy=DecisionTreeClassifier(criterion='entropy')
dt_entropy.fit(X_train, y_train)
dt_entropy.score(X_train, y_train)
dt_entropy.score(X_test, y_test)
```

训练准确度为 100%而测试准确度为 69%，这意味着模型过拟合，因此要修剪树，使其最大深度为 4。

```
clf_pruned = DecisionTreeClassifier(criterion = "entropy",
random_state = 50, max_depth=4, min_samples_leaf=6)
clf_pruned.fit(X_train, y_train)

inde_variables = wine_quality_data_frame.drop('quality', axis=1)
feature_column = inde_variables.columns
prediction_pruned = clf_pruned.predict(X_test)
prediction_pruned_train = clf_pruned.predict(X_train)
print(accuracy_score(y_test,prediction_pruned))
print(accuracy_score(y_train,prediction_pruned_train))
acc_DT = accuracy_score(y_test, prediction_pruned)
```

步骤 11：已处理过拟合，但准确度仍没有提高。

获取数据集的显著特征，如图 4-10 所示。

```
feature_importance = clf_pruned.tree_.compute_feature_
importances(normalize=False)

feat_imp_dict = dict(zip(feature_column, clf_pruned.feature_
importances_))
feat_imp = pd.DataFrame.from_dict(feat_imp_dict,
orient='index')
feat_imp.sort_values(by=0, ascending=False)
```

alcohol	0.481629
sulphates	0.266467
volatile acidity	0.100496
fixed acidity	0.089209
free sulfur dioxide	0.036360
total sulfur dioxide	0.025839
citric acid	0.000000
residual sugar	0.000000
chlorides	0.000000
density	0.000000
pH	0.000000

图 4-10　模型的显著特征

步骤 12： 可推断出酒精含量、硫酸盐含量、挥发性酸度和总二氧化硫量是显著特征，接下来将结果保存到数据帧中。

```
resultsDf = pd.DataFrame({'Method':['Decision Tree'],
'accuracy': acc_DT})
resultsDf = resultsDf[['Method', 'accuracy']]
resultsDf
```

步骤 13： 应用随机森林法。

```
from sklearn.ensemble import RandomForestClassifier
rf_model = RandomForestClassifier(n_estimators = 50)
rf_model = rf_model.fit(X_train, y_train)
prediction_RF = rf_model.predict(X_test)
accuracy_RF = accuracy_score(y_test, prediction_RF)
tempResultsDf = pd.DataFrame({'Method':['Random Forest'],
'accuracy': [accuracy_RF]})
resultsDf = pd.concat([resultsDf, tempResultsDf])
resultsDf = resultsDf[['Method', 'accuracy']]
resultsDf
```

步骤 14： 比较决策树和随机森林法的准确度，结果如图 4-11 所示。

	Method	accuracy
0	Decision Tree	0.63125
0	Random Forest	0.76250

图 4-11　决策树和随机森林法的准确度

步骤 15：实现 AdaBoost 算法，结果如图 4-12 所示。

```
from sklearn.ensemble import AdaBoostClassifier
adaboost_classifier = AdaBoostClassifier( n_estimators= 150,
learning_rate=0.05, random_state=5)
adaboost_classifier = adaboost_classifier.fit(X_train, y_train)
prediction_adaboost =adaboost_classifier.predict(X_test)
accuracy_AB = accuracy_score(y_test, prediction_adaboost)
tempResultsDf = pd.DataFrame({'Method':['Adaboost'],
'accuracy': [accuracy_AB]})
resultsDf = pd.concat([resultsDf, tempResultsDf])
resultsDf = resultsDf[['Method', 'accuracy']]
resultsDf
```

	Method	accuracy
0	Decision Tree	0.63125
0	Random Forest	0.76250
0	Adaboost	0.63125

图 4-12　AdaBoost 算法的准确度

步骤 16：实现袋装算法并比较准确度，结果如图 4-13 所示。

```
from sklearn.ensemble import BaggingClassifier

bagging_classifier = BaggingClassifier(n_estimators=55, max_
samples= .5, bootstrap=True, oob_score=True, random_state=5)
bagging_classifier = bagging_classifier.fit(X_train, y_train)
prediction_bagging =bagging_classifier.predict(X_test)
accuracy_bagging = accuracy_score(y_test, prediction_bagging)
tempResultsDf = pd.DataFrame({'Method':['Bagging'], 'accuracy':
[accuracy_bagging]})
resultsDf = pd.concat([resultsDf, tempResultsDf])
resultsDf = resultsDf[['Method', 'accuracy']]
resultsDf
```

	Method	accuracy
0	Decision Tree	0.631250
0	Random Forest	0.762500
0	Adaboost	0.631250
0	Bagging	0.734375

图 4-13　袋装算法的准确度

步骤 17： 实现梯度提升算法，结果如图 4-14 所示。

```
from sklearn.ensemble import GradientBoostingClassifier
gradientBoosting_classifier = GradientBoostingClassifier
(n_estimators = 60, learning_rate = 0.05, random_state=5)
gradientBoosting_classifier = gradientBoosting_classifier.
fit(X_train, y_train)
prediction_gradientBoosting =gradientBoosting_classifier.
predict(X_test)
accuracy_gradientBoosting = accuracy_score(y_test, prediction_
gradientBoosting)
tempResultsDf = pd.DataFrame({'Method':['Gradient Boost'],
'accuracy': [accuracy_gradientBoosting]})
resultsDf = pd.concat([resultsDf, tempResultsDf])
resultsDf = resultsDf[['Method', 'accuracy']]
resultsDf
```

	Method	accuracy
0	Decision Tree	0.631250
0	Random Forest	0.762500
0	Adaboost	0.631250
0	Bagging	0.734375
0	Gradient Boost	0.662500

图 4-14　梯度提升算法的准确度

由此可推断出，与其他算法相比，随机森林法提供了最好的准确度。该解决方案可扩展应用到任何的监督分类问题。

梯度提升法是最流行的技术之一，其强大功能归功于对误差和错误分类的关注，在实现基于机器学习的排序的信息检索系统领域中非常有用。借助极端梯度提升等变异方法，可克服过拟合和缺失变量，而 CatBoost 法则能克服分类变量的挑战。随着袋装法的发展，提升技术扩展了机器学习算法的预测能力。

提示　解决现实世界的业务问题时建议检测随机森林和梯度提升法，这两种方法都具有较高的灵活性和性能。

相对于其他算法，集成方法更加稳健、准确、成熟，通过组合弱预测器增加其能力并提高整体性能，因此集成方法在很多机器学习竞赛中优于其他算法。商业中随机森林和梯度提升法也频繁用于解决各种业务问题。

现在要研究另一种强有力的算法，称为支持向量机(SVM)，常用于小型但复杂且具有高维度的数据集。具有非常高维度的小数据集是如医学研究等行业中常见的挑战，而 SVM 能很好地达到目的。下面对 SVM 进行讨论。

4.3　支持向量机(SVM)

前面章节中已研究了传统机器学习算法，如回归、决策树等，这些方法有能力解决实时数据集的各种回归或分类问题。但针对真正复杂的数据集，则需要算法具有更强的能力，SVM 就具有处理多维复杂数据源的能力。数据源复杂度要归因于数据源所具有的多维度和数据中出现的不同变量类型，SVM 有助于创建稳健的解决方案。

SVM 是复杂数据集的绝佳解决方案，尤其是在缺少训练示例的情况下。除了可用于结构化数据集和较简单的业务问题外，还可用于文本分析问题、图像分类、生物信息学领域和手写识别中的文本分类。

SVM 也可应用于回归和分类问题，SVM 的基础就是支持向量，也就是各观察值在向量空间中的表示。

可视化后如图 4-15。想象一个具有 n 个属性的数据集，n 个特征可表示为 n 维空间，每个属性值为坐标值。图 4-15 中仅仅表示二维空间，n 维空间可采取相似的表示方法。

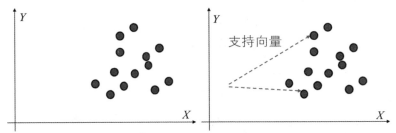

图 4-15　支持向量是数据点在向量空间图中的表示

SVM 能处理上面的数据表示或支持向量，并建立监督学习算法的模型。图 4-16 中有两个类需要分类，SVM 通过创建超平面这个最恰当的决策来解决这个问题。

如图 4-16 所示，最近邻数据点与超平面的距离称为边距，SVM 找到具有最大边距的线性平面用于明确地划分类别。与最小化误差平方和的线性分类器不同的是，SVM 的目标是找到可区分两个或更多类别并采用最大边距将类别进行分离的线性平面。SVM 实现也可以称为最大边距超平面。

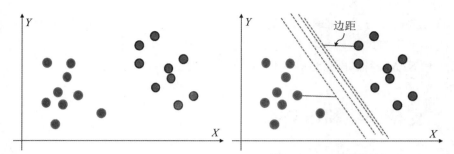

图 4-16　超平面可用于区分两个类别。边距用于选择最佳超平面

我们已理解了 SVM 的用途。为了更好地理解 SVM，有必要在向量空间图中将 SVM 可视化。下面是 SVM 在二维空间中的可视化。

4.3.1　二维空间的 SVM

二维空间中起分离作用的超平面是一条直线，通过感知机实现分类。

感知机是一种用于进行二分类的算法,简单地讲就是训练具有两个分类的数据，然后输出可清晰分离这两个类别的直线。

现在有多个超平面能用于生成正确分类。如图 4-17 所示是尝试实现能分离两个类别的超平面或直线，其中第一条直线可清晰地分离两个分类，但非常接近两个分类或接近本例中的红色和蓝色点。尽管分类良好，但是如果要把模型部署到新的、未见的数据集上，由于几乎没有观察值分类有误，该模型会容易受到较大方差的影响。第二条直线没有这种问题，直线与两个分类同时具有最大距离，因此选择第二条直线。

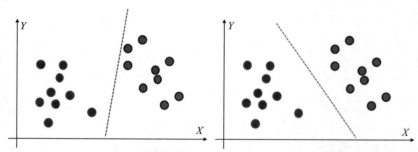

图 4-17　尽管左图中分类器能划分两个类别，但受到高方差的影响。右侧的分类器比左侧的优秀

因此我们确定第二条直线优于第一条直线。设该直线的公式为 $ax+by=c$，因此红色点(图中为直线左侧点)的分类平面公式为 $ax+by<c$，蓝点(图中为直线右侧点)为 $ax+by \geqslant c$。

但 a、b 或 c 仍具有诸多可选的值，带来了新的问题：如何选择最佳平面。如图 4-18 所示的超平面有很多选择。

图 4-18 中，(i)中的红色分离线比黑色实线能更好地划分两个类别，(ii)中相较于黑色分离线，红色分离线具有最大边距，因此选择红色分离线(注意，本书为黑白印刷，无法显示彩色)。

(iii)中显示数据集中有一些离群值，SVM 算法仍然能建立具有最大边距的分类超平面。即使有离群值，SVM 仍表现良好。

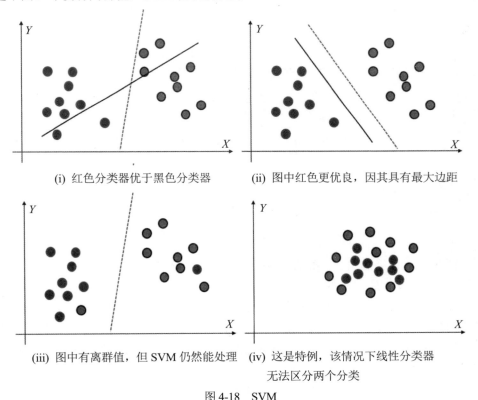

(i) 红色分类器优于黑色分类器　　(ii) 图中红色更优良，因其具有最大边距

(iii) 图中有离群值，但 SVM 仍然能处理　(iv) 这是特例，该情况下线性分类器
　　　　　　　　　　　　　　　　　　　　　无法区分两个分类

图 4-18　SVM

至此，我们已讨论和可视化了在二维空间中的各种实现方法，但要将数学向量空间从二维转换到高维，就需要采取数学运算才能实现。图 4-18(iv)中即是这种特例，图中所表示的情况下不可能有线性超平面，这种情况下可应用核函数 SVM(KSVM)进行非线性的超平面分类，下面对其进行讨论。

4.3.2　KSVM

如果我们将二维空间转换为高维空间，则解决方案将变得更加稳健，同时也会增大分离数据点的概率。若要将 x_1 和 x_2 转换为高阶多项式 $x_1^2, x_2^2, x_3^2, x_4^2, x_5^2 \cdots$，这可以由 KSVM 实现。KSVM 将数据点带入更高阶的数学空间后，数据点在高维空间中线性可分离，因此可以画线穿过这些数据点。如果采用 KSVM 来表示前面的示例，则相应的表示如图 4-19 所示。

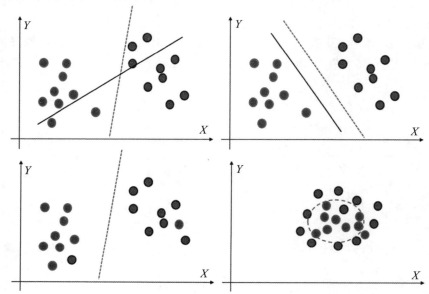

图 4-19　右下的图实现使用非线性分类器区分两个分类

KSVM 创建了非线性分类器对两个分类进行划分。

下面是 SVM 的一些参数。

(1) **核函数**：数据以更高维的形式表达后可分离时，就将使用核函数。sklearn 库中可用的各种核函数有 rbf、poly、sigmoid、linear 及 precomputed 等。如果采用"线性"核函数，则二维数据的情况下使用线性超平面或直线。其中 rbf、poly 可应用于非线性超平面。

(2) **C**：C 用于表示多分类误差或成本参数。如 C 值小则误分类观察值的惩罚小且准确度高，可用于控制训练数据准确分类和拥有平滑判定边界之间的权衡。

(3) **Gamma**：Gamma 用于定义一个分类中各观察值的影响力半径，主要用于非线性超平面。较大的 gamma 值可产生更高的准确度，但结果可能会有偏差，反之亦然。

我们必须反复迭代这些参数的各种值以达到最佳解决方案。Gamma 值大则方差小且偏差高，反之亦然。当 C 值大时，方差大且偏差小，反之亦然。

使用 SVM 具有各种优势和挑战。

SVM 算法的优势如下。

(1) 该算法是高维度复杂数据集的有效解决方案；

(2) 具有较多维度及较少训练数据集时是首选；

(3) SVM 分离的边距非常清晰，并能够提供良好、准确和稳健的解决方案；

(4) SVM 易于实现，并且是一种内存效率高的解决方案。

SVM 的挑战如下。

(1) 样本大时需要时间收敛，因此不是较大数据集的首选；

(2) 该算法对杂乱的数据敏感，如果目标分类没有明确的界限和差异，则算法往往表现不太好；

(3) 支持向量机不直接提供预测概率，而必须分别计算预测的概率。

尽管具有一些挑战，但支持向量机已多次证明了自身价值，对多维较小数据集进行分析时，SVM 能提供稳健的解决方案。下面使用支持向量机解决一个案例问题。

4.3.3 使用 SVM 的案例分析

现在来解决一个癌症检测案例，本章开头共享的 Github 链接上有可用的数据集。

步骤 1：首先导入必要的库。

```
import pandas as pd
import numpy as np
import seaborn as sns
import matplotlib.pyplot as plt
%matplotlib inline
```

步骤 2：导入数据集，代码及输出结果如图 4-20。

```
cancer_data = pd.read_csv('bc2.csv')
cancer_dataset = pd.DataFrame(cancer_data)
cancer_dataset.columns
```

```
cancer_data = pd.read_csv('bc2.csv')
cancer_dataset = pd.DataFrame(cancer_data)
cancer_dataset.columns

Index(['ID', 'ClumpThickness', 'Cell Size', 'Cell Shape', 'Marginal Adhesion',
       'Single Epithelial Cell Size', 'Bare Nuclei', 'Normal Nucleoli',
       'Bland Chromatin', 'Mitoses', 'Class'],
      dtype='object')
```

图 4-20　数据集导入结果

步骤 3：观察各列，结果如图 4-21 所示。

```
cancer_dataset.describe()
```

cancer_dataset.describe()										
	ID	ClumpThickness	Cell Size	Cell Shape	Marginal Adhesion	Single Epithelial Cell Size	Normal Nucleoli	Bland Chromatin	Mitoses	Class
count	6.990000e+02	699.000000	699.000000	699.000000	699.000000	699.000000	699.000000	699.000000	699.000000	699.000000
mean	1.071704e+06	4.417740	3.134478	3.207439	2.806867	3.216023	3.437768	2.866953	1.589413	2.689557
std	6.170957e+05	2.815741	3.051459	2.971913	2.855379	2.214300	2.438364	3.053634	1.715078	0.951273
min	6.163400e+04	1.000000	1.000000	1.000000	1.000000	1.000000	1.000000	1.000000	1.000000	2.000000
25%	8.706885e+05	2.000000	1.000000	1.000000	1.000000	2.000000	2.000000	1.000000	1.000000	2.000000
50%	1.171710e+06	4.000000	1.000000	1.000000	1.000000	2.000000	3.000000	1.000000	1.000000	2.000000
75%	1.238298e+06	6.000000	5.000000	5.000000	4.000000	4.000000	5.000000	4.000000	1.000000	4.000000
max	1.345435e+07	10.000000	10.000000	10.000000	10.000000	10.000000	10.000000	10.000000	10.000000	4.000000

图 4-21　数据集观察结果

步骤 4：处理缺失值，这里选择填入中间值。

```
cancer_dataset = cancer_dataset.replace('?', np.nan)
cancer_dataset = cancer_dataset.apply(lambda x: x.fillna(x.
median()),axis=0)
```

步骤 5：将 Bare Nuclei 这列的字符串类型转换为浮点类型。

```
cancer_dataset['Bare Nuclei'] = cancer_dataset['Bare Nuclei'].
astype('float64')
```

步骤 6：检查数据集中是否有空值，如图 4-22 所示。

```
cancer_dataset.isnull().sum()
```

```
cancer_dataset.isnull().sum()

ID                             0
ClumpThickness                 0
Cell Size                      0
Cell Shape                     0
Marginal Adhesion              0
Single Epithelial Cell Size    0
Bare Nuclei                    0
Normal Nucleoli                0
Bland Chromatin                0
Mitoses                        0
Class                          0
dtype: int64
```

图 4-22　空值观察结果

步骤 7：将数据分为训练集和测试集。

```
from sklearn.model_selection import train_test_split
```

```
# To calculate the accuracy score of the model
from sklearn.metrics import accuracy_score, confusion_matrix

target_variable = cancer_dataset["Class"]
features = cancer_dataset.drop(["ID","Class"], axis=1)
X_train, X_test, y_train, y_test = train_test_
split(features,target_variable, test_size = 0.25,
random_state = 5)
```

步骤 8：采用线性核函数训练模型。

```
from sklearn.svm import SVC
svc_model = SVC(C= .1, kernel='linear', gamma= 1)
svc_model.fit(X_train, y_train)
svc_prediction = svc_model .predict(X_test)
```

步骤 9：检查准确度，代码及生成结果如图 4-23。

```
print(svc_model.score(X_train, y_train))
print(svc_model.score(X_test, y_test))
```

```
# check the accuracy on the training set
print(svc_model.score(X_train, y_train))
print(svc_model.score(X_test, y_test))

0.9751908396946565
0.9485714285714286
```

图 4-23　准确度检查结果

步骤 10：输出混淆矩阵，代码及生成结果如图 4-24。

```
print("Confusion Matrix:\n",confusion_matrix(svc_prediction,
y_test))
```

```
print("Confusion Matrix:\n",confusion_matrix(svc_prediction,y_test))

Confusion Matrix:
 [[108    4]
 [  5   58]]
```

图 4-24　混淆矩阵

步骤 11：下面几步要变换核函数并得到不同准确度。

```
svc_model = SVC(kernel='rbf')
svc_model.fit(X_train, y_train)
print(svc_model.score(X_train, y_train))
print(svc_model.score(X_test, y_test))
```

```
print(svc_model.score(X_train, y_train))
print(svc_model.score(X_test, y_test))
```

```
0.9751908396946565
0.96
```

图 4-25　rbf 核函数准确度

```
svc_model = SVC(kernel='poly')
svc_model.fit(X_train, y_train)
svc_prediction = svc_model.predict(X_test)
print(svc_model.score(X_train, y_train))
print(svc_model.score(X_test, y_test))
```

```
print(svc_model.score(X_train, y_train))
print(svc_model.score(X_test, y_test))
```

```
0.982824427480916
0.9371428571428572
```

图 4-26　poly 核函数准确度

```
svc_model = SVC(kernel='sigmoid')
svc_model.fit(X_train, y_train)
svc_prediction = svc_model.predict(X_test)
print(svc_model.score(X_train, y_train))
print(svc_model.score(X_test, y_test))
```

```
print(svc_model.score(X_train, y_train))
print(svc_model.score(X_test, y_test))
```

```
0.4541984732824427
0.42857142857142855
```

图 4-27　sigmoid 核函数准确度

比较所有核函数的准确度并选择最佳核函数。理想情况下，准确度不应是唯一的参数，还应该采用混淆矩阵比较召回率和精确率。

在前面的示例中还可以应用 seaborn 库进行可视化，代码及生成结果如下(可视化结果如图 4-28)。这是附加的步骤，可以在有需要时采取。

```
sns.pairplot(cancer_dataset, diag_kind = "kde", hue = "Class")
```

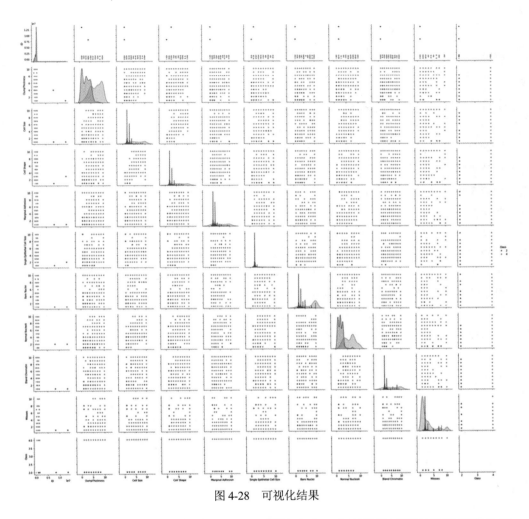

图 4-28　可视化结果

前面示例中使用 SVM 创建了 Python 解决方案，在变换核函数时准确度变化很大，SVM 算法应与其他机器学习模型进行比较，然后挑选出最佳算法。

提示　理想情况下，应对任何问题都使用 3 或 4 种算法进行测试，比较精确率、召回率、准确度后确定最佳算法，这些步骤在第 5 章中会再次进行讨论。

我们已对 SVM 进行了详细的研究。作为一种易于实现的解决方案，SVM 是受到极力推荐的高级监督学习算法之一。

至此，我们对结构化数据进行了研究并创建了解决方案。前面章节中从回归、决策树等开始，研究了各种概念并用 Python 创建了解决方案。本章中继续研究了提升算法和 SVM，将在下一节中开始更高级的主题——非结构化数据的监督学习算法，即文本和图像。我们将研究文本和图像的基本组成部分、预处理步骤、面临的挑战和案例。与前面一样，我们将创建 Python 解决方案来补充知识。

4.4 非结构化数据的监督学习算法

现如今，人们能够使用相机、电话、处理器、录像机、数据管理平台、基于云的基础架构等，因此我们记录、管理、存储、转换和分析数据的能力也得到了极大提高。现在我们不仅能够捕获复杂的数据集，而且能存储数据集并进行处理。随着神经网络驱动的深度学习的来临，对数据的处理能力得到了极大提高。深度学习本身就是一场革命，而神经网络推动了跨领域和业务开发的无限能力。凭借卓越的处理能力和更强大的如多核 GPU 和 TPU 等功能强大的机器，复杂的深度神经网络就能更快地处理更多信息，对于结构化和非结构化数据集都是如此。本节将处理非结构化数据集并研究非结构化数据集的监督学习算法。

回顾第 1 章中所讨论的结构化和非结构化数据集，如图 4-29 所示，文本、图像、音频和视频等都属于非结构化数据集。

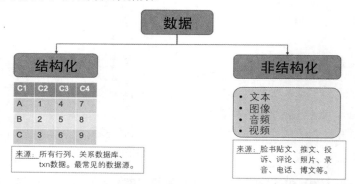

图 4-29   数据划分为结构化和非结构化数据集

我们首先研究文本数据，学习清理、预处理文本数据、创建 Python 监督学习解决方案及处理文本数据最佳实践相关的所有概念。这就开始吧！

4.5 文本数据

语言是人类交流的媒介，是人类自我表达最常用的一种媒介。语言涉及人们的大多数互动，如说话、发消息、写作和聆听。这些文本数据无处不在，每天都以新闻、脸书评论和帖子、客户评论和投诉、推文、博文、文章、文献等形式生成各种文本。所生成的数据集包含了大量情感和表述，一般是无法从问卷调查和评级中获得的。在客户所提供的线上产品评论中印证了这一点，虽然给出的评级可以是 5 分(满分为 5 分)，但实际的评论文本可能给人不同的印象。因此对于全世界的企业来说，关注文本数据变得更加重要。

文本数据更具表达力且直截了当，是人们对客户、流程、产品和服务、人类文化、人类世界及人类思想产生诸多理解的关键所在。另外，随着 Alexa、Google Assistant、Apple Siri 和 Cortana 的出现，语音命令已成为人与机器之间的接口并生成了更多数据集，多么庞大且兼具表达力！

与复杂性相似，文本数据是丰富的信息和行动的来源，可应用于后面要讨论的多种解决方案。

4.5.1 文本数据案例

文本数据非常有用，它用文字表达出人们真实的感受，是衡量在问卷调查中通常无法获取的思想的有力来源。文本也是直接来源的数据，尽管可能是非常杂乱的数据集，但偏颇较小。

文本数据非常丰富并能应用于下面的各种案例。

(1) **新闻分类或文档分类**：收到新闻或文档后需要把某条新闻条目归类为体育、政治、科学、商业或任何其他类别，我们可根据新闻内容进行划分，也就是根据实际文本。商业新闻不同于体育新闻文章，如图 4-30 所示。同样，人们可能要根据研究领域将医学文档划分到各自的类别。出于这种目的，可采用监督学习分类算法解决这些问题。

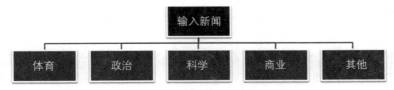

图 4-30　收到的新闻可分类为体育、政治、科学、商业等

(2) **情感分析**：情感分析用于判定文本数据的正负极性，这里有两个案例。

a. 我们从客户那里接收到关于产品和服务的评论，这些评论是必须进行分析的。考虑这样一种情况，某电气公司收到客户投诉、有关供应的评论和整体体验的意见，文本流可以是入门体验、是否易于注册、付款流程、供应评论、电力评论等。我们要确定评论的总体语境——正面的、负面的或中立的。根据这些评论，公司可在产品功能或服务水平上做改进；

b. 如果想要把某个评论分发给某个特定的部门，例如前面示例中收到的评论必须与相关部门共享。采用自然语言处理(NLP)能完成这项任务，收到的评论可与财务部门或运营部门共同分享，各自的团队即可跟进该评论并采取下一步措施。

(3) **语言翻译**：采用自然语言处理和深度学习能实现语言互译(如英语和法语)。深度神经网络需要对两种语言的词汇和语法及多个其他训练数据点进行训练。

(4) **垃圾邮件过滤**：电子邮件过滤器由自然语言处理和监督机器学习组成，可训练算法来分析收到的邮件的参数并预测该邮件是否属于垃圾文件夹。根据发送者的电子邮件识别号、主题行、邮件正文、附件、时间等，甚至可以进一步确定该邮件是不是促销电子邮件或垃圾邮件或重要邮件。监督学习算法有助于人们做出决策并将整个过程自动化。

(5) 整本书或整篇文章的**文本摘要**可采用自然语言处理和深度学习完成。本例中也可采用深度学习和自然语言处理生成整个文档或文章的总结，有助于创建文本的精简版本。

(6) **词性标注(POS)**：词性标注指将单词识别为名词、代词、形容词、副词、连词等。这是根据某个特定词性标注的用途、定义、句子上下文及其较大主体，把文本语料库中的单词标注为相应特定词性的过程，如图 4-31 所示。

图 4-31　词性标注将单词标注为各自的类别

文本数据可采用监督和非监督问题进行分析，本书重点关注监督学习，采用自然语言处理解决问题，并用深度学习能完善已具有的能力。

不过文本数据是难以分析的，仍必须以数字和整数的形式表示，只有这样才能进行文本分析。计算机和处理器可以理解数字，而算法也只需要数字，下面将讨论文本数据所面临的最常见挑战。

4.5.2　文本数据面临的挑战

文本可能是最难分析和处理的数据，有多种表达相同问题或思想的排列方式，例如"你几岁"及"你多大"是同样的问题。这些挑战是必须要解决的，也必须具有稳健、完整、具有代表性且不缺失原始上下文的数据集。

所面临的最常见挑战如下。

(1) 语言是无穷无尽的，每日每时都在变化，都有新的单词添加到词典中；

(2) 语言有很多种类：印度语、英语、法语、西班牙语、德语、意大利语等。每种语言都遵循自身的规则和语法，其用法和模式都是唯一的。有些书写从左到右，有些从右到左，还有一些会垂直地书写。一种语言要用 12 个单词表达的意思可能另一种语言只需要 5 个单词；

(3) 不同的上下文中某个单词会改变其含义。例如"我想阅读这本书(I want to read this book)"和"请为我预订酒店(Please book this hotel)"。根据上下文，一个单词可以是形容词，也可以是名词；

(4) 同一单词在一种语言中具有很多同义词，例如"优良"在不同场景中可以由"积极""棒极了""卓越"及"杰出"来替代。同样地，如"学习""正在学习"及"一直学习"都与同一词根"学习"相关；

(5) 单词根据其用途甚至会完全改变其含义。例如 apple 是一种水果，而 Apple 是生产苹果电脑的公司。"汤姆"可以是一个人的名字，也可用作"汤姆软件资讯公司"，完全改变了用途；

(6) 对于人类非常容易的任务可能对于机器而言会非常困难，人类有记忆而机器则趋于遗忘。例如，"约翰来自于伦敦，搬家到澳大利亚，在那儿与亚伦一起工作，在那儿他很想家。"人类能很轻松地回忆并理解最后半句中的"他"指约翰，而不是亚伦。

这些还不是全部的挑战，前面的列表并不详尽。管理、存储、整理、刷新这个庞大的数据集本身就是一项艰巨的任务，但采用复杂巧妙的流程和解决方案即便不能解决所有的问题，也能解决大多数问题。下面讨论有关于文本数据预处理及从文本数据中提取特征的技术。

与其他任何机器学习项目一样，尽管过程略有不同，文本分析也遵循机器学习的原理，下面将讨论文本分析过程。

4.5.3　文本分析建模过程

由于处理数据的复杂度及需要的数据预处理，文本分析会变得复杂。在较高层次上，虽然各过程头部保持一致，但是仍然有许多子过程是为文本所定制的，同时也取决于要解决的业务问题。典型的文本分析过程如图 4-32 所示。

与任何其他项目类似，文本分析过程从定义业务问题开始，业务问题可以是前面章节中所讨论的情感分析或文本总结案例。

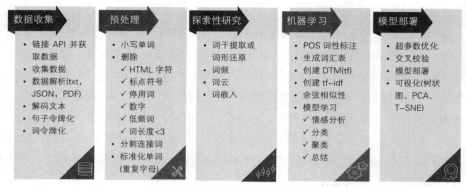

图 4-32　从数据收集到部署的文本分析项目端到端过程

考虑上一节中讨论的业务问题：针对电气公司的情感分析，业务问题可以是收到的客户投诉、产品客户评论及多种媒介，如呼叫中心、电子邮件、电话、消息等提供的各种服务，同时很多客户会在脸书或其他社交媒体发贴文。这些都会生成大量文本数据，需要分析这些文本数据并生成有关下面内容的各种发现和洞察结果。

(1) 客户关于产品和服务的满意度；

(2) 主要痛点和不满意之处、驱动客户参与的因素、哪些服务复杂且耗时、哪些是最受欢迎的服务；

(3) 最受欢迎、最不受欢迎的产品和服务以及任何受欢迎模式；

(4) 如何能通过仪表盘最佳地表示这些发现，并对仪表盘做定期更新，例如每月或每季度更新一次。

这个业务案例会激励以下商业优势。

(1) 保持最具满意度和最受喜爱的产品和服务；

(2) 收到负评价的产品和服务必须进行改善并缓解所面临的挑战；

(3) 可以通知财务、运营、投诉、客户关系管理等各团队，各团队保持独立运营来改善客户体验；

(4) 掌握满意或不满意服务的准确原因有利于相关团队往正确方向上进行努力；

(5) 总体上讲，该案例提供了度量客户群净推荐值(NPS)的一个基准。企业可努力提升整体的客户体验。

简洁、精确、可度量和可实现的业务问题是成功的关键。业务问题确定后将从获得数据集上面下功夫，下面就这个问题进行讨论。

4.5.4　文本数据提取及管理

如上一章节所讨论的，客户文本数据可通过各种来源产生，文本分析的完整数据集称为语料库。正式地讲，语料库代表大的文本数据集合(一般有标记但也可以无标记)，可用于统计分析和假设测试。

图 4-33 中描述从各种来源接收文本数据的过程，如呼叫中心电话、投诉、评论、博文、推文等。这些数据点首先移入暂存区域。

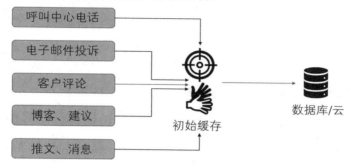

图 4-33　从数据收集到最终存储的文本数据数据管理过程

值得注意的是各种数据源可能具有不同类型的数据点，如.csv、.xls、.txt、logs、文件或数据库、json 或.pdf 等，我们甚至可能从各种 API 获取数据。暂存区域加载期间，必须合并和清理所有这些数据点，这就涉及数据库、表、视图等的创建。前面分享的案例分析中，数据库表具有如表 4-2 所示的结构。

表 4-2　客户评论具有客户详细信息，如客户号、日期、产品、城市及实际评论文本

客户号	产品	日期	城市	来源	评论文本
1001	ABC	2020/1/1	伦敦	推文	……
1002	XYZ	2020/1/2	伦敦	脸书	……
1003	ABC	2020/1/3	伦敦	电子邮件	……
1004	ABC	2020/1/4	伦敦	客服中心	……
1005	XYZ	2020/1/5	伦敦	其他	……

这里具有唯一的客户号、所购买产品、评论日期、城市、来源及实际客户评论文本。该表比已显示过的详细信息具有更多的数据点，并且还可以有其他的客户详细信息表，如投诉是否解决、解决的时间等作为附加信息进行分析。

所有这些数据点必须得到维护和刷新，可以根据业务需求确定刷新周期：月刷

新、季刷新或年刷新。

还有一个重要、极具洞察力的数据来源可用于更广泛的策略创建，即客户有很多网上渠道对产品/服务做出评论，如亚马逊等网上市场有客户评论的详细信息。这些平台还有竞争品牌的评论，比如耐克可能对彪马和锐步的客户评论感兴趣，我们也必须收集并保留这些网上评论。此外，这些评论可能有不同的形式，必须要进行清理。

在数据维护阶段，要清除数据中存在的例如*、&、^、#等垃圾字符。加载数据时，产生格式错误或数据本身也含有垃圾字符，这些都可能导致垃圾字符出现，因此应最大限度地清理文本数据，并且要在下一步的数据预处理中做进一步的清理。

文本数据的确是很难处理的数据，它非常复杂，同时一般来讲文本也是杂乱的。我们在上一节中已讨论了部分的挑战，下一节中将再次研究一些挑战及这些挑战的解决方案。下面从文本数据特征提取开始，将采用向量空间图表示各种特征并用这些特征创建机器学习模型。

4.5.5　文本数据预处理

同其他数据源一样，文本数据可能是混乱和嘈杂的。我们在数据发现阶段会清理一部分，在预处理阶段则会清理很多，同时必须从数据集中提取各种特征。这个清理过程是一个标准的过程，在大多数数据集上都能实现。

这个过程需要完成多个步骤，首先从原始文本开始。

数据清理

数据质量的重要性是毋庸置疑的。文本数据越整洁则分析结果越好，同时降低文本数据大小会导致数据维度较低，这样机器学习阶段的处理和训练算法过程就不那么复杂和耗时。

由于文本数据包含很多垃圾字符、无关单词、噪声和标点符号、URL 等，所以要清理文本数据。清理文本数据的首要方法如下。

(1) **删除停用词**：停用词是词汇表中最常见的单词，其重要性不如关键词，例如 is、an、the、a、be、has、had、it 等。删除停用词可以降低数据的维度，从而降低复杂度。但删除时需要谨慎，例如，假如问句是 "Is it raining?"，那么回答是 "It is"，这本身是个完整的回答。

提示　处理如机器翻译这样上下文信息很重要的问题时，应避免删除停用词。

---

(2) **基于库的清理**：这涉及根据预定义的库进行数据清理，创建文本中不需要单词的资料库，从文本数据中进行迭代删除。如果不想采用删除停用词方法而仍希望遵循自定义方法，则首选这种方法。

(3) **垃圾字符**：从文本中删除 URL、主题标签、数字、标点符号、媒体宣传内容、特殊字符等，但必须小心处理某些在一个领域中不重要但对于另一领域非常有用的单词。

> **提示**　清理数据时要谨慎。删除单词或减少数据大小时始终要牢记业务背景。

(4) **词汇规范化**：根据上下文和用途，同一个单词的表示方式可能不同，在词汇规范化过程中，我们要清除这些歧义。基本思路是将单词还原为词根形式，因此只要这些词的核心含义相同，就要把相互派生的词映射到中心词。

例如，study 可表示为 study、studies、studied、studying 等，如图 4-34 所示，词根 study 保持不变，但表达方式不同。

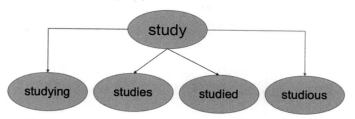

图 4-34　词根为 study，但有很多形式，如 studying 和 studies

有两种方式处理这个问题：词干提取和词形还原。

a. 词干提取是非常基础的基于规则的方法，用于从词尾删除 es、ing、ly、ed 等。例如，studies 会变成 studi，而 studying 会变成 study。由于这种方法是显而易见的一种基于规则的方法，所输出的拼写可能并不总是准确的；

b. 与词干提取相反的是词形还原，这种方法有条理地将单词还原为词典形式。一个单词的词元是这个词的词典形式或标准形式。例如，studies、studied 和 studying 都具有相同词根 study；

(5) **标准化**：随着现代通信设备和社交媒体的出现，交流模式已经发生了变化，这也引发了语言的变化。我们有了新的限制和规则，如推文只能写 280 个字符。

因此，词典也必须随之改变。我们有更新的参考文献，不属于任何标准词典，并且处于不断变化中，对于每种语言、国家和文化都是有所不同的。例如，u 指 you，luv 指 love 等。

这些文本我们也必须要进行清理。这种情况下我们为这些单词创建词典，用词典里面正确完整的形式来替换这些单词。

上述只是清理文本数据的几个方法，这些技术应该能解决大多数问题，但仍然不能获得完全清洁的数据，需要有一定的商业头脑才能做进一步的理解。

清除数据后就将开始表示数据，便于在下一主题中通过机器学习算法处理数据。

4.5.6 从文本数据提取特征

如同其他数据源一样，文本数据可能是杂乱和有噪声的，在发现阶段和预处理阶段就可以清理一部分。现在的数据是干净的且已做好预处理，下一步是以算法能理解的格式来表示数据。

最简单的理解是，我们简单地为单词进行一键有效编码，以矩阵的形式表示。首先将单词转换为小写形式后按字母顺序排序，然后分配一个数值标记，最后将单词转换为二进制向量。下面用示例解释。

例如，文本为"He is going outside."，处理步骤如下。

(1) 转换单词为小写形式，结果为 he、is、going、outside；

(2) 然后按字母顺序排列单词，输出为 going、he、is、outside；

(3) 为每个单词分配一个标记值，going:0、he:1、is:2、outside:3；

(4) 将单词转换为二进制向量。

```
[[0. 1. 0. 0.] #he

[0. 0. 1. 0.] #is

[1. 0. 0. 0.] #going

[0. 0. 0. 1.]] #outside
```

尽管这个方法非常直截了当和简单易懂，但由于海量的语料库和词汇，实际上是不可能实现的。另外，处理具有如此高维度的数据量，从计算上讲也非常昂贵，所创建的结果矩阵也会非常稀疏，因此要看看其他表示文本数据的方式和方法。

现在我们有更好的、可以替代一键有效编码的表示方法，这些方法着眼于词频率或使用词的上下文，这些科学的文本表示方法更为准确、稳健，也更具可解释性，能生成更好的结果。

目前有很多这类技术，如 tf-idf、bag-of-words (BOW)等方法。下一章中对这些技术进行讨论，我们首先来研究令牌化这个重要概念！

1. 令牌化

文本数据必须要做分析，因此要将单词表示为令牌。令牌化把文本或文本集分解为单独的令牌，也就是自然语言处理的构建块。令牌通常是单独的单词，但也不一定是单词，可将一个单词或子词或单词中的字符令牌化，图 4-35 所表示的是单词令牌化。

图 4-35　一个句子的令牌化为所有单词产生了单独的令牌

子词的情况下，同一句子具有子词令牌，如 interest-ing。字符级令牌化时则是 i-n-t-e-r-e-s-t-i-n-g，实际上，上一章节中讨论的一键有效编码的首要步骤就是单词的令牌化。

有很多方法是基于正则表达式进行令牌化，匹配每个令牌或令牌之间的分隔符。Regexp 令牌化采用给定的模式参数匹配令牌或令牌之间的分隔符，Whitespace 令牌化是将任何序列的空白字符处理为分隔符，而 blankline 令牌化使用空白行序列作为分隔符，wordpunct 通过匹配字母字符序列和非字母且非空格字符序列进行令牌化。

令牌化由此为每个单词分配唯一的识别符或令牌，这些令牌在下一阶段的分析中会更有用。

现在我们要探索更多表示文本数据的方法，首先是"词袋(bag of words)"。

2. 词袋(Bag-of-Words)模型

在词袋方法或称 BOW 方法中，文本把找到的每个观察结果都令牌化，然后计算每个令牌的频率，不必考虑语法或单词顺序，主要目标是保持简单性。由此，我们把每个文本(句子或文档)表示为自身的词袋。

图 4-36 显示第一个示例中每个单词只出现一次，则频率为 1。第二个句子中 is 和 drinking 的频率是 2，这就称为每个令牌的词袋。

BOW 用于整个文档时，把语料库中所有唯一出现的词定义为语料库的词汇，也可以设置一个阈值，作为频率的上下限值。然后每个句子或文档由一个与基本词汇表相同维度的向量定义，这个向量包含句子中每个单词的出现频率。

单词	词频
Machine	1
learning	1
is	1
very	1
interesting	1
to	1
learn	1

Machine learning is very interesting to learn

单词	词频
Tom	1
is	2
drinking	2
milk	1
while	1
Jack	1
coffee	1

Tom is drinking milk while Jack is drinking coffee

图 4-36　词袋法显示出高频率单词被赋予较高的值

例如，想象上面两个句子——"Machine learning is very interesting to learn"及"Tom is drinking milk while Jack is drinking coffee"——作为整个词汇库中仅有的两个句子，第一句的表示如图 4-37 所示，我们应注意到"Machine learning is very interesting to learn"的向量中 drinking 和 milk 的给定值为 0。

Machine learning is very interesting to learn

单词	词频
Machine	1
learning	1
drinking	0
milk	0
is	1
very	1
interesting	1
to	1
learn	1
……	……

图 4-37　基于整个词汇库的句子词袋法表示

BOW 方法不考虑单词顺序或上下文，只关注单词出现的频率，因此是一种快速的数据表示方法。又因为这是基于频率的方法，所以常用于文档分类。同时，由于这是一种纯基于频率的方法，模型准确度可能会受到影响，这也是考虑其他参数的高级算法的原因，这些高级算法不仅仅只考虑频率。其中一种高级方法是 tf-idf，又称词频-逆文档频率，是下面我们将要学习的内容。

3. 词频及逆文档频率

词袋法只重视单词频率，而词频及逆文档频率(tf-idf)考虑的是单词的相对重要性，tf-idf 由 tf(词频)及 idf(逆文档频率)组成。

词频(tf)是整个文档中词的计数，如文档 d 中单词 x 的计数。

逆文档频率(idf)是整个语料库中总文档数(N)与含有单词 x 的文档数量(df)之比率的对数。

因此 tf-idf 公式给出整个语料库中某个单词的相对重要性，该公式是 tf 和 idf 的乘积，表示如下：

$$w_{i,\,j} = tf_{i,\,j} \times \log(N/df_i) \tag{公式 4-1}$$

其中 N 是语料库中总文档数；

$tf_{i,j}$ 是文档中单词的频率；

df_i 是语料库中含有该单词的文档数。

下面用示例进行说明。

思考一个包含 100 万医学文档的集合，要计算这些文档中单词 medicine 及 penicillin 的 tf-idf。

假设某个具有 100 个单词的文档中 medicine 出现 5 次，而 penicillin 仅 2 次，那么 medicine 的 tf 为 5/100 = 0.05 且 penicillin 的 tf 为 2/100 = 0.02。

现在假设在 1 百万个文档中 medicine 出现在 100 000 个文档中，而 penicillin 仅出现在 10 个文档中，则 medicine 的 idf 为 $\log(1\,000\,000/100\,000) = \log(10) = 1$，而 penicillin 的 idf 为 $\log(1\,000\,000/10) = \log(100\,000) = 5$。

medicine 和 penicillin 的最终值分别为 $0.05 \times 1 = 0.05$ 和 $0.02 \times 5 = 0.1$。

从前面示例中能明确地推断，利用 tf-idf 能识别出第二个文档中 penicillin 的相对重要性。这就是 tf-idf 的优势，能降低令牌频繁出现的影响。相对于稀少但具有更高重要性和权重的单词而言，这些具有较高频率的令牌可能无法提供任何信息。

要讨论的下一类型的表示法是 N 元(n-grams)及语言模型。

4. N 元(N-gram)及语言模型

前面已学习了词袋法和 tf-idf，现在我们要关注语言模型。我们了解到要分析文本数据就必须把文本转换为特征向量，N 元(N-gram)模型有助于创建特征向量，以便文本以能进一步分析的格式来表示。

语言模型为单词序列分配不同的概率，N 元是语言模型中最简单的一种。N 元模型中，在给定(N-1)个单词后计算第 N 个单词的概率，可以通过计算出现在文本语料库中单词序列的相对频率来完成。如果各项为单词，则 N 元可称为单词串(*shingles*)，如一元(unigram)是一个单词的序列，那么两个单词就是二元(bi-gram)，三个单词就是三元(tri-gram)，以此类推。下面通过示例进行说明。

考虑一个句子"Machine learning is very interesting"，可分别用 N=1、N=2 和 N=3 来表示。应注意单词序列及组合对于不同 N 值是如何发生变化的，如图 4-38 所示。

给定所有的前序单词后，三元模型仅利用前两个单词的条件概率，近似估算一个单词的概率。二元同样地仅考虑前序的一个单词。这是一种非常强的假设，一个单词的概率仅与前一单词相关。这种假设被称为马尔科夫(*Markov*)假设。

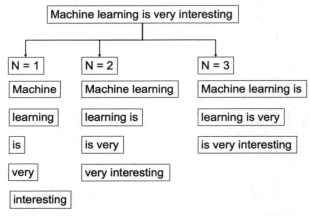

图 4-38　同一句子的一元、二元、三元表示有不同的结果

一般来讲，N>1 比一元模型提供更多有用信息。但该方法对 N 的选择非常敏感，也很大程度上取决于所采用的训练语料库，这样使得概率对训练语料库的依赖性很大。因此，如果采用一个已知语料库训练一个机器学习模型，遇到未知单词时可能会遇到困难。

我们已学习了清理文本数据、令牌化数据及用多种技术做数据表示的各种概念，是时候采用 Python 来创建自然语言处理的首个解决方案了。

4.6　案例分析：采用自然语言处理的客户投诉分析

上一节中研究了如何将文本数据表示为机器学习模型可以使用的特征空间，这是文本数据与前面章节中所创建的标准机器学习模型唯一的区别。

换句话讲，预处理和特征提取可整理文本数据并生成特征，任何标准的监督学习问题都可使用这些结果特征。特征提取后就能按照标准的机器学习方法继续后续步骤。下面解决一个文本数据的案例并创建 Python 的监督学习算法。

考虑我们有一个客户投诉数据集，对于每条客户投诉有该投诉相关的对应产品，下面采用自然语言处理和机器学习创建一个监督学习模型，将所有收到的新投诉分配给对应的产品。

数据集和代码已上传至本章开头共享的 Github 链接。

步骤 1：导入所有必要的库并加载数据集。

```
from sklearn.feature_extraction.text import TfidfVectorizer
from sklearn.model_selection import train_test_split
import pandas as pd
complaints_df = pd.read_csv('complaints.csv')
```

步骤 2：查看一条投诉，如图 4-39 所示。

```
complaints_df['Consumer complaint narrative'][1]
```

```
complaints_df['Consumer complaint narrative'][1]
```

```
"I purchased a new car on XXXX XXXX. The car dealer called Citizens Bank to get a 10 day payoff on my loan, good till
XXXX XXXX. The dealer sent the check the next day. When I balanced my checkbook on XXXX XXXX. I noticed that Citizens
bank had taken the automatic payment out of my checking account at XXXX XXXX XXXX Bank. I called Citizens and they st
ated that they did not close the loan until XXXX XXXX. ( stating that they did not receive the check until XXXX. XXX
X. ). I told them that I did not believe that the check took that long to arrive. XXXX told me a check was issued to
me for the amount overpaid, they deducted additional interest. Today ( XXXX XXXX, ) I called Citizens Bank again and
talked to a supervisor named XXXX, because on XXXX XXXX. I received a letter that the loan had been paid in full ( da
ted XXXX, XXXX ) but no refund check was included. XXXX stated that they hold any over payment for 10 business days a
fter the loan was satisfied and that my check would be mailed out on Wed. the XX/XX/XXXX.. I questioned her about the
delay in posting the dealer payment and she first stated that sometimes it takes 3 or 4 business days to post, then s
he said they did not receive the check till XXXX XXXX I again told her that I did not believe this and asked where is
my money. She then stated that they hold the over payment for 10 business days. I asked her why, and she simply said
that is their policy. I asked her if I would receive interest on my money and she stated no. I believe that Citizens
bank is deliberately delaying the posting of payment and the return of consumer 's money to make additional interest
for the bank. If this is not illegal it should be, it does hurt the consumer and is not ethical. My amount of money l
ost is minimal but if they are doing this on thousands of car loans a month, then the additional interest earned for
them could be staggering. I still have another car loan from Citizens Bank and I am afraid when I trade that car in a
nother year I will run into the same problem again."
```

图 4-39　客户投诉

步骤 3：找出一条投诉的各个分类，如图 4-40 所示。

```
print(complaints_df.Product.unique())
```

```
print(complaints_df.Product.unique())
```
```
['Credit reporting' 'Consumer Loan' 'Debt collection' 'Mortgage'
 'Credit card' 'Other financial service' 'Bank account or service'
 'Student loan' 'Money transfers' 'Payday loan' 'Prepaid card'
 'Virtual currency'
 'Credit reporting, credit repair services, or other personal consumer reports'
 'Credit card or prepaid card' 'Checking or savings account'
 'Payday loan, title loan, or personal loan'
 'Money transfer, virtual currency, or money service'
 'Vehicle loan or lease']
```

图 4-40　投诉的各个分类

步骤 4：将数据划分为训练集和测试集。

```
X_train, X_test, y_train, y_test = train_test_split(
    complaints_df['Consumer complaint narrative'].values,
    complaints_df['Product'].values,
    test_size=0.15, random_state=0)
```

步骤 5：计算数据集中每个唯一令牌的 tf-idf 值。

```
vectorizer = TfidfVectorizer()
vectorizer.fit(X_train)
X_train = vectorizer.transform(X_train)
X_test = vectorizer.transform(X_test)
X_train, X_test
```

步骤 6：选择最显著特征。

```
from sklearn.feature_selection import SelectKBest, chi2
ch2 = SelectKBest(chi2, k=5000)
X_train = ch2.fit_transform(X_train, y_train)
X_test = ch2.transform(X_test)
X_train, X_test
```

步骤 7：拟合朴素贝叶斯模型。

```
from sklearn.naive_bayes import MultinomialNB
from sklearn.metrics import accuracy_score
clf = MultinomialNB()
clf.fit(X_train, y_train)
pred = clf.predict(X_test)
```

步骤 8：输出预测结果。

```
print(accuracy_score(y_test, pred))
0.7656024029369229
```

模型的准确度为 76.56%，这个标准模型适用于文本分析中的任何监督分类问题。该模型本身是一个多分类模型，可缩减为二分类(通过/失败)，也可以创建诸如积极、中立、消极这样的情感分析模型。

我们已学习了词袋法、tf-idf 及 N 元(N-gram)方法，但是所有这些技术都忽略了单词之间的关系。下面我们要根据词之间的关系，研究扩展机器学习的一个重要概念，称为词嵌入。

词嵌入

上一节中讨论的所有技术都忽略了单词之间的上下文关系，同时结果数据也都具有很高的维度。词嵌入可以解决这个问题，将高维度的词特征转换为较低维度并维持其上下文关系。下面通过示例说明其含义。

图 4-41 所示的示例中 man 与 woman 的关系如同 king 和 queen；go 与 going 如同 run 与 running；而 UK 与 London 如同 Ireland 与 Dublin。相对于上一节中讨论的基于频率的方法，这种方法考虑了单词之间的上下文和关系，因此更适用于文本分析问题。

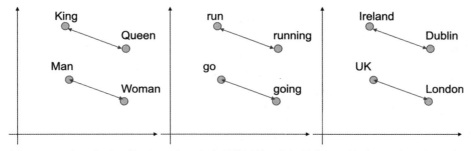

图 4-41　词嵌入有助于发现同一上下文中所使用单词之间的上下文关系，因此更易于理解

有两种流行的词嵌入模型：Word2Vec 和 GloVe。Word2Vec 提供非稀疏嵌入，可理解 king 和 queen 之间的相似性。GloVe(词表示的全局向量)是用于获取词表示的一种无监督学习算法，是对语料库中汇总的全局词对词共现统计信息进行训练。

两种模型都从共现信息中学习并理解词的几何编码或向量表示，共现指大的语料库中单词同时出现的频率。主要区别是 Word2Vec 是基于预测的模型，而 GloVe 基于频率。Word2Vec 预测给定词的上下文，而 GloVe 通过创建有关某个单词在上下文中出现频率的共现矩阵来学习上下文。有关 Word2Vec 和 GloVe 的详细数学解释不在本书讨论范围内。

4.7 案例分析：采用词嵌入的客户投诉分析

下面采用 Python 和词嵌入处理上一节中所使用的同一投诉数据集。

步骤 1：导入必要的库。

```
from nltk.tokenize import RegexpTokenizer
import numpy as np
import re
```

步骤 2：加载投诉数据集。

```
import pandas as pd
complaints_dataframe = pd.read_csv('complaints.csv')
```

步骤 3：查看数据的前几行，如图 4-42 所示。

```
complaints_dataframe.head()
```

	Consumer complaint narrative	**Product**
0	I have outdated information on my credit repor...	Credit reporting
1	I purchased a new car on XXXX XXXX. The car de...	Consumer Loan
2	An account on my credit report has a mistaken ...	Credit reporting
3	This company refuses to provide me verificatio...	Debt collection
4	This complaint is in regards to Square Two Fin...	Debt collection

图 4-42 数据的前几行

步骤 4：定义一个函数以将单词令牌化。

```
def convert_complaint_to_words(comp):

    converted_words = RegexpTokenizer('\w+').tokenize(comp)
    converted_words = [re.sub(r'([xx]+)|([XX]+)|(\d+)', '',
    w).lower() for w in converted_words]
    converted_words = list(filter(lambda a: a != '',
    converted_words))
```

```
    return converted_words
```

步骤 5： 从数据集中提取所有具有唯一性的词。

```
all_words = list()
for comp in complaints_dataframe['Consumer complaint
narrative']:
    for w in convert_complaint_to_words(comp):
        all_words.append(w)
```

步骤 6： 查看词汇库的大小。

```
print('Size of the vocabulary is {}'.format(len(set(all_words))))
76908
```

步骤 7： 输出投诉和已生成的令牌。

```
print('Complaint is \n', complaints_dataframe['Consumer
complaint narrative'][10], '\n')
print('Tokens are\n', convert_complaint_to_words (complaints_
dataframe['Consumer complaint narrative'][10]))
```

步骤 8： 为数据集中每个具有唯一性的词分配一个唯一的编号并建立索引。

```
index_dictionary = dict()
count = 1
index_dictionary['<unk>'] = 0
for word in set(all_words):
    index_dictionary[word] = count
    count += 1
```

步骤 9： 用索引值替换所有已建立索引的词，使数据集数值化并可由 keras 读取。

```
embeddings_index = {}
f = open('glove.6B.300d.txt')
for line in f:
    values = line.split()
    word = values[0]
    coefs = np.asarray(values[1:], dtype='float32')
    embeddings_index[word] = coefs
f.close()
```

步骤 10： 计算一个句子中所有词的嵌入值的平均值，生成句子表示。

```
complaints_list = list()
for comp in complaints_dataframe['Consumer complaint
narrative']:
    sentence = np.zeros(300)
    count = 0
    for w in convert_complaint_to_words (comp):
        try:
            sentence += embeddings_index[w]
            count += 1
        except KeyError:
            continue
    complaints_list.append(sentence / count)
```

步骤 11：将分类变量转换为数值后进行一键有效编码，如图 4-43 所示。

```
from sklearn import preprocessing
le = preprocessing.LabelEncoder()
le.fit(complaints_dataframe['Product'])
complaints_dataframe['Target'] = le.transform(complaints_
dataframe['Product'])
complaints_dataframe.head()
```

```
from sklearn import preprocessing
le = preprocessing.LabelEncoder()
le.fit(complaints_dataframe['Product'])
complaints_dataframe['Target'] = le.transform(complaints_dataframe['Product'])
complaints_dataframe.head()
```

	Consumer complaint narrative	Product	Target
0	I have outdated information on my credit repor...	Credit reporting	5
1	I purchased a new car on XXXX XXXX. The car de...	Consumer Loan	2
2	An account on my credit report has a mistaken ...	Credit reporting	5
3	This company refuses to provide me verificatio...	Debt collection	7
4	This complaint is in regards to Square Two Fin...	Debt collection	7

图 4-43　一键有效编码后数据集

```
from sklearn.model_selection import train_test_split
X_train, X_test, y_train, y_test = train_test_split(np.
array(complaints_list), complaints_dataframe.Target.values,
   test_size=0.15, random_state=0)
```

步骤 12：训练并测试分类器。

```
from sklearn.naive_bayes import BernoulliNB
from sklearn.metrics import accuracy_score
clf = BernoulliNB()
```

```
clf.fit(X_train, y_train)
pred = clf.predict(X_test)
print(accuracy_score(y_test, pred))
```

前面示例中我们采用了词嵌入创建监督学习算法，这是一个非常标准和稳健的过程，可应用于类似的数据集。而对于文本数据中的准确度，预处理是关键。数据越干净，算法效果越好！

文本数据是我们所能处理的、最有趣的数据集之一，虽然不易于清理且通常需要大量时间和处理能力来创建模型，但文本仍是数据中非常有洞察力的模式的关键。将文本数据应用于多个案例，从中就能生成可能无法从标准结构化数据源中生成的洞察结果。

到这里我们就结束了对文本数据的讨论。下面要开始讨论图像，同样有趣且具挑战性。由于图像大多数时候采用深度学习处理效果更好，下面将学习神经网络的构建块并解决图像的监督学习案例。

4.8　图像数据

如果说交谈的力量是一种天赋，那么视觉则是人类的福音。人们能够看到、观察、记忆并回顾已见到的事物，也可以通过视觉的力量创建图像世界。图像无所不在，可以用相机和手机查看照片，也可以在社交媒体及网上市场浏览照片，图像改变着人们的体验、购物方式、沟通方式及企业获得客户的形式。

与文本数据相同，图像也属于非结构化数据。图像由像素构成，对于每张有色图像，每个像素具有 RGB(红、绿、蓝)值，范围从 0 到 255，可用像素值(例如以矩阵的形式)表示每张图像并完成必要的计算。

图 4-44 演示了如何用矩阵表示一张图像。这些数值仅用于图解，但我们应该了解图像是能以数据的形式表示的，因此可以进一步用于分析和模型建立。

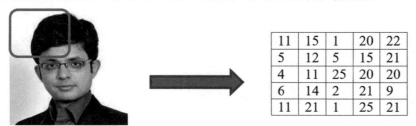

图 4-44　图解演示了如何用矩阵表示图像；显示的数值仅用于示例，不一定正确

图像是强有力的信息源，图像数据可以分析并应用于多个商业案例，下面将进行讨论。

4.8.1　图像数据案例

考虑一个顾客使用咖啡贩卖机买咖啡的场景：顾客走到机器前，机器识别顾客，回忆顾客的喜好，然后精确地提供顾客想要的咖啡。咖啡贩卖机已识别出顾客的脸并根据顾客以前的交易提供顾客所期望的口味。又或是办公室内，考勤监控系统采用面部识别系统标识出出勤的人员，而不需要刷卡。图像数据分析及计算机视觉正无处不在地强化各种能力和自动化流程。

图像分析正在跨越业务领域和流程产生着影响。下面是一些案例。

(1) **医疗保健**：图像分析使我们能够从 x 射线、MRI 和 CT 扫描中识别出肿瘤及病症，训练好的机器学习模型能辨识图像是否良好，也就是有无病症的迹象，就可以针对问题提出相应的解决方案，然后医生和医学专业人员就可以利用所产生的洞察结果，专注于问题所在。偏远地区的病人可与专家共享图像并快速获得回应。我们采用图像分割和图像分类识别出异常并进行分析。

(2) **零售业**也在以新颖的方式利用图像分析。客户可以在线上传他们喜爱的产品，如表、T 恤、眼镜等，然后从网上引擎获得产品推荐，网上引擎在后台搜索类似产品后展示给客户。另外，借助更好的图像检测技术，库存管理也变得更加容易。图像分割、分类和计算机视觉技术能达成我们的目的。

(3) **制造业**：制造行业有很多应用图像分析的方式。

a. **缺陷识别**是从合格品中分离出残次品，可采用计算机视觉和图像分类实现。

b. **预测性维护**通过识别需要维护的工具和系统得到改进，采用了图像分类和图像分割技术。

(4) **安全和监控**：计算机视觉支持采用安全摄像头直接监控，防止偷窃和犯罪。这有助于人群的管理和控制，有助于监控乘客的行动轨迹等。利用摄像头的实时监控可以让安保团队预防任何事故。面部识别能达到这样的效果。

(5) **农业**：农业领域同样可以采用图像识别和分类技术识别出种植物中的杂草及种植园中任何类型的疾病和感染，也可检测土壤质量并改善谷物质量。计算机视觉改变了人类最古老行业的面貌。

(6) **保险业**：图像分析通过调查事故现场图像协助保险工作，根据事故现场图像对损坏进行评估并估算赔付额。图像分割和图像分类推动着保险工作的解决方案。

(7) **无人驾驶车辆**是利用物体检测功能的一个很好的示例，可探测车辆、行人、卡车、标志物等并采取适当的行为。

(8) **社交媒体平台及网上市场**采用复杂的图像识别技术，根据客户照片识别面部、特征、表情、产品等，帮助改善客户体验、提高访问速度和便利性。

前面的案例只是图像识别、物体检测、图像跟踪及图像分类等产生便捷的解决方案的众多案例中的一小部分，由神经网络、卷积神经网络、递归神经网络、强化学习等最新技术激励着向前发展。由于这些解决方案能够轻松处理大量复杂数据并从中产生洞察结果，使之突破各种界限，人们可以利用现代计算资源及基于云的基础设施，以更快的方式训练算法。

但我们仍然需要探索图像的全部潜能，因此必须要提高现有的能力并增强准确度。该领域正在进行大量的研究，一些组织机构为该领域的发展做出了贡献。

图像是需要捕获和管理的复杂数据集，下面将讨论图像所面临的各种常见挑战。

4.8.2 图像数据面临的挑战

图像数据不易处理，是一种复杂的融合，需要处理的数据量非常大。与其他数据集相同，图像也是杂乱的，也需要进行全面清理。图像数据集所面临的挑战如下。

(1) **复杂性**：一张车辆的图像从不同角度观察是不一样的，同一个人的正面、左面及右面可能看起来会完全不同，这就使得由机器来识别一个人或物体变得非常困难，这种复杂程度也会让图像数据更难分析；

(2) **数据集大小**：一张图像的大小是处理图像数据的下一项挑战，一张图像可轻松地以 MB 计算。根据图像生成的频率，图像数据集的净大小可能会非常巨大。

(3) 相对于任何结构化数据而言，**图像是多维的**，还会根据图像色阶的变化而发生改变。彩色图像具有三个通道(RGB)，会进一步增加维度数。

(4) **未清理的数据**：图像并不总是整洁的，捕获数据集时会面临多种问题。下面是一些案例。

a. 如果图像没有对焦，则会创建出模糊的图像；

b. 图像上有阴影，会使图像不可用；

c. 图像质量还取决于周围的灯光。如果背景光变化的话，图像构图也会改变；

d. 由于多种因素(例如相机振动、照相时偷工减料或镜头上有拇指印痕)，图像会失真。

(5) **人的可变性**：捕获图像数据时，人所造成的差异会导致同一问题生成不同数据集。例如，从农田中捕获稻谷的图像，不同的人会从不同角度使用不同相机模式捕获图像。

图像数据很难存储和处理，特别是由于数量大，需要的空间量也非常大。下面集中精力讨论这些方面的图像数据管理过程。

4.8.3 图像数据管理过程

我们从多种来源生成图像，且必须有具体的图像数据管理过程。一个良好的系统要能接收、存储图像以供将来分析。图像数据管理的过程依赖于系统设计：是实时图像分析项目还是批处理项目？图像的各种来源可暂存、清理并最终存储到可以访问的地方，如图 4-45 所示。

针对实时图像监控系统，系统可实时地将图像输入到算法中并实时地做出决策。例如，停车场有一个车牌读取系统，可实时生成停车图像并极速进行处理。

图 4-45　机器学习模型实时处理和数据管理

前面显示的过程图中，"处理"表示图像数据生成的来源。前面讨论的车牌读取示例中，指的就是相机生成的原始图像。原始图像在输入已编译好的机器学习模型前可能需要临时存储，然后机器学习模型生成图像预测。前面示例中图像预测指的就是车辆登记号，预测和图像都必须存储到最终的数据库中。

针对批处理分析系统，过程变化如图 4-46 所示。例如，前面的案例中，如果要识别一天中有多少辆车进入停车场，那么图像处理系统是不同的。

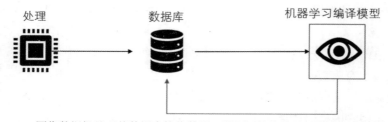

图 4-46　图像数据批处理从数据库接收数据、做预测并将结果返回所存储的数据库

针对批处理分析系统，"处理"将生成图像，这些原始图像必须存入数据库中，然后输入到机器学习模型中生成预测结果。前面案例中车辆的原始图像会在生成时进行存储，然后作为一个批次输入到图像处理解决方案中。生成每辆车的登记号后，预测结果和原始图像会发送回数据库并存储。

　　一个优秀的图像数据管理系统应是稳健、灵活且易于访问的。图像大小在设计该系统时起很大作用，还确定了与这个数据库存储相关的成本。值得注意的是，这样的存储空间会很快地被消耗掉，因此根据业务和领域的关键性能，可能不会保存所有图像，也有可能从数据库中删除早于所需存储时段的数据。

　　下面将讨论图像数据的机器学习建模过程，从深度学习概念开始。

4.8.4　图像数据建模过程

　　图像仍然是数据源。在向量空间图中以特征或度量表示一个图像，然后为数据建立数学模型。但经典算法可能无法做到合理地处理图像，这要归因于下面的理由。

　　(1) 相较于结构化数据，图像数据集有更高的维度，使得处理很困难；

　　(2) 图像的背景噪声也高得多，原因可以是图像数据集失真、模糊、多角度拍摄、灰度图像等；

　　(3) 输入数据的大小也远大于结构化数据集。

　　由于上述原因，我们更偏向于使用神经网络创建图像监督学习算法，我们将在下面进行讨论。

4.9　深度学习基础

　　深度学习改变着人们认知信息的方式，将数据的能力提升到一个新的水平。使用复杂的神经网络能处理很多高纬度、大规模的复杂数据集。神经网络正在改变机器学习和人工智能的格局。

　　深度学习使几年前还只是一个想法的功能成为现实。在图像处理领域中，图像分类、物体检测、对象跟踪、图像描述生成、语义分割、人体姿态估计等方面都应用了神经网络。GPU 和 TPU 让我们能够越来越多地突破处理大量数据集的障碍。

　　下面将讨论神经网络的构建块并用 Python 开发案例。

4.9.1　人工神经网络

　　人工神经网络或 ANN 可以说是受到人脑功能的启发，当人类首次看到一个物体时会在内心中创建这个对象的影像并寄存起来，当同一物体再次出现在面前时就能轻松地识别出来。这项对人类非常轻松的任务，对于算法来说却是非常难以理解和学习的。

提示 深度学习的深度表示神经网络中隐藏层的数量。一般地讲，隐藏层数量越多，准确度越高。但这仅在一定程度上是正确的，有时即使增加隐藏层数量也不会提高准确度。

神经网络的训练与任何一种机器学习算法的训练一样，有输入数据集，处理输入数据集后由算法生成输出预测。神经网络可用于回归和分类问题，也可用于结构化和非结构化数据源。神经网络的准确度一般高于传统的典型机器学习算法，如回归、决策树等，但也并不总是正确的。

神经网络的最大优势是处理图像和视频等复杂数据的能力，传统的机器学习算法需要我们选择显著变量，而神经网络是由网络负责从数据中挑选最显著的属性。

典型的神经网络如图 4-47 所示。

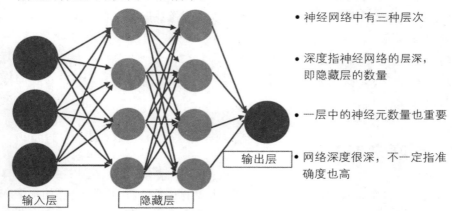

• 神经网络中有三种层次

• 深度指神经网络的层深，即隐藏层的数量

• 一层中的神经元数量也重要

• 网络深度很深，不一定指准确度也高

图 4-47 神经网络具有输入层、隐藏层和输出层

前面显示的神经网络结构中具有如下一些重要构建块。

(1) **神经元**：神经元是神经网络的基础，所有计算和复杂处理都只发生在神经元内。神经元需要如图 4-48 所示输入数据，然后生成输出。该输出可以由神经网络中下一层使用或可能用于生成最终结果。神经元的表示如图 4-48 所示。这里 x_0、x_1 及 x_2 表示输入变量，而 w_0、w_1 及 w_2 则分别是各输入变量的权重。f 是激活函数，b 是偏置项。

神经元从上一层接收输入，然后基于条件的集合来决定是否激发。简单地讲，神经元接收输入，对输入进行数学计算，然后基于神经元内部设置的阈值将计算后的值传输给下一神经元。

机器学习模型或神经网络训练时，可训练权重及偏置项并得到最优值。下面将讨论训练机制和激活项。

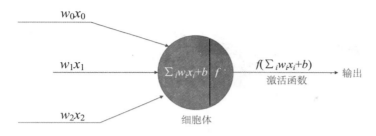

图 4-48　神经元的基本结构，显示输入、权重、激活函数及输出

(2) **输入层**：顾名思义，输入层接收输入数据，可以是图像的形式(原始或已处理)。该输入层是神经网络的第一步。

(3) **隐藏层**：隐藏层是神经网络中最重要的部分，所有复杂过程和数学计算都只发生在隐藏层内。隐藏层从输入层接收数据，逐层处理后传输到输出层。

(4) **输出层**：输出层是神经网络的最后一层，负责生成预测，预测可以是回归问题的连续变量或监督分类问题的概率值。

有了神经网络这些构建块，下一节中将讨论神经网络的其他核心元素，即各种激活函数。

4.9.2　激活函数

激活函数在神经网络训练中起核心作用。激活函数的首要工作是决定是否激发神经元，是负责在神经元内进行各种计算的函数。

激活函数从本质上讲一般是非线性的，这个属性使得神经网络能够学习复杂行为和模式。

现有下面多种可用的激活函数。

(1) **sigmoid 激活函数**：这是有界数学函数，如图 4-49 所示。sigmoid 函数的取值范围在 0 和 1 之间。该函数具有 S 形状，是非负的导数函数。

sigmond 函数的数学表达式为

$$S(x) = \frac{1}{1 + e^{-x}} = \frac{e^x}{e^x + 1} \qquad \text{(公式 4-2)}$$

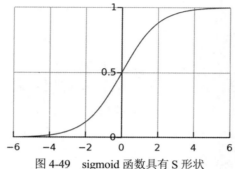

图 4-49　sigmoid 函数具有 S 形状

该函数常用于二分类及神经网络的最终输出层,但也可用于神经网络的隐藏层。

(2) **tanh 激活函数**:切线双曲函数(tanh 函数)是 sigmoid 的缩小版本,如图 4-50 所示。与 sigmoid 函数相比,tanh 函数以 0 为中心,取值范围在-1 和+1 之间。

tanh 函数的数学表达式给定如下,

$$\tanh = \frac{(e^x - e^{-x})}{(e^x + e^{-x})}$$

(公式 4-3)

tanh 激活函数一般用于神经网络的隐藏层,使平均值更接近于 0,从而使神经网络更易于训练。

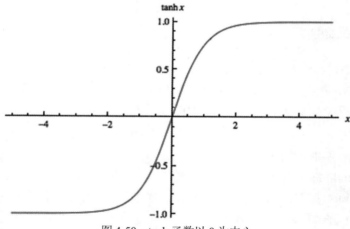

图 4-50　tanh 函数以 0 为中心

(3) **ReLU 激活函数**:ReLU 激活函数也许是最受欢迎的激活函数,ReLU 指线性整流函数,如图 4-51 所示。

如果 $x>0$,$F(x)=\max(x,0)$输出 x,否则输出 0。

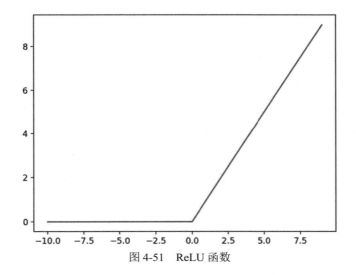

图 4-51　ReLU 函数

从 ReLU 简单的数学函数可以看出，ReLU 是一个简单的计算函数，使得 ReLU 非常易于计算且训练速度也快，用于神经网络的隐藏层。

(4) **softmax 函数**：softmax 函数应用于解决分类问题的神经网络的最终层，作用是生成神经网络的预测结果。该函数为每个目标分类生成概率值，概率最高的分类即是预测分类。例如，如果神经网络旨在区分猫、狗、马和老虎，softmax 函数将生成 4 个概率值，最高概率的分类即是预测分类。

激活函数在神经网络训练中起核心作用。激活函数定义训练进度并负责神经网络各层中发生的所有计算。设计优良的神经网络是已优化的，模型的训练适于做出最终预测。与经典的机器学习模型相同，神经网络的目标是减少预测结果中的误差，也就是损失函数，这是下一节要介绍的内容。

4.9.3　神经网络的损失函数

机器学习模型的创建是为未可见数据集做预测。在训练数据集上训练机器学习模型，然后在测试或校验数据集上度量性能。度量该模型的准确度时，始终要致力于最小化误差率，该误差也称为损失。

正式地讲，损失是神经网络的实际值和预测值之间的差异。为了获得一个稳健且准确的神经网络，就要努力将该损失维持到最小值。

回归和分类问题有不同的损失函数。交叉熵(Cross-entropy)是分类问题最普及的损失函数，而回归问题更偏向于使用均方差。不同损失函数给出不同损失值，从而影响神经网络的最终训练。训练的目标是找到最小损失，因此损失函数也称为目标函数。

> **提示**　binary_crossentropy 可用作二分类模型的损失函数。

神经网络经过训练后能最小化损失，下面讨论实现的过程。

4.9.4　神经网络优化

训练神经网络的过程中，我们不断努力减少损失或误差，通过比较实际值和预测值计算出损失。第一次通过神经网络中生成了损失后就必须更新权重，以便于进一步减少误差。权重更新的方向由优化函数定义。

正式地讲，优化函数能最小化损失值并达到全局最小值。使优化可视化的一种方式如下：想象一个人站在山顶，必须要到达山底。这个人可以从任何方向出发，选择出发的方向将是最陡的斜坡。这个目的可由优化函数实现，每次行走所能走的步数称为学习率。

优化函数有很多种选择，下面列出其中一些。

(1) **梯度下降**是最受欢迎的优化函数，有助于实现优化。梯度下降优化非常快且易于实现，如图 4-52 所示。

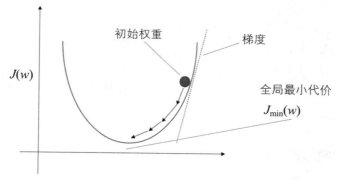

图 4-52　梯度下降用于神经网络优化损失

但梯度下降可能会陷入局部最小值，因此该方法的执行需要更多资源和计算力。

(2) **随机梯度下降**或 SGD 仅是梯度下降的一个版本，相较于梯度下降，随机梯度下降每次训练样本后更新参数，也就是每次训练样本后都将计算损失。例如，如果数据集包含 5000 个观察值，梯度下降在完成所有计算后更新权重，且仅更新一次，而 SGD 会更新权重 5000 次。这个方法在提升准确度的同时降低了计算内存的需求，但也会导致模型的过拟合。

(3) **小批量梯度下降**是对 SGD 的改善，结合了梯度下降和 SGD 最好的部分。小批量梯度下降中并不是每个训练样本后更新参数，而是批量更新，需要的计算内存量最小而且也不易于过拟合。

(4) 还有其他优化函数，如 Ada、AdaDelta、Adam、Momentum 等可用。这些优化器的讨论不在本书范围内。

提示　adam 优化器和 SGD 适用于大多数问题。

优化在神经网络训练中是一个非常重要的过程，可实现全局最小值及最高准确度。因此选择最佳优化函数时需要采取适当的预防措施。

下面还有一些术语应在继续学习神经网络训练前有所了解。

超参数

神经网络通过分析训练样本能主动学习一些参数，但有些参数是需要输入的。开始训练神经网络前要设置这些参数，才能启动这个过程。这些变量确定最终训练中用到的神经网络结构、过程、变量等，称为超参数。

要设置的参数有学习率、每层神经元数量、激活函数、隐藏层数量等，还要设置时期(epoch)的数量和批大小(batch size)。时期的数量表示神经网络完全分析整个数据集的次数，批大小则是神经网络更新模型参数前要分析的样本数量。一个批量可以包含一个或一个以上的样本。

简单地讲，如有 10 000 个图像的训练数据，可将批量大小设为 10，而时期数设为 50；意味着整个数据集可划分为 10 个批量，每个批量有 1000 个图像。每个批量结束后都要更新模型的权重。这也指每个时期中 1000 个图像会分析 10 次，或每个时期中权重会更新 10 次。整个过程将运行 50 次，这是因为时期数为 50。

提示　时期和批量大小无固定值。我们可迭代、测量损失，然后获得解决方案的最佳值。

但训练神经网络是一个复杂的过程，将在之后进行讨论。下面将讨论正向传播和反向传播的过程。

4.9.5　神经网络训练过程

神经网络经训练后可实现为之创建机器学习模型的业务问题，这是一个繁杂的过程，需要进行大量的迭代。伴随所有的层、神经元、激活函数、损失函数等，训练是循序渐进的，训练的目标是创建具有最小损失的神经网络，优化后产生最佳预测结果。

设计和创建深度学习解决方案需要各种库和框架。下面是一些用于深度学习的流行工具。

(1) **TensorFlow**：由谷歌开发，是最流行的框架之一，可与 Python、C++、Java、C#等一起使用；

(2) **Keras**：一种 API 驱动的框架，建于 TensorFlow 之上，使用非常简单，是最值得推荐使用的库；

(3) **PyTorch**：PyTorch 是脸书开发的其他流行库之一，是很好的原型和跨平台解决方案；

(4) **Sonnet**：这是 DeepMind 的产品，首要用于复杂神经架构。

还有很多其他解决方案，如 MXNet、Swiftm Gluon、Chainer 等。这里采用 Keras 解决 Python 中的案例。

现在开始研究神经网络的学习。神经网络的学习或训练指在关注损失的同时发现权重及偏置项的最佳可能值，我们努力在训练整个神经网络后得到最小损失值。

训练神经网络的主要步骤如下。

步骤 1：如图 4-53 所示，输入数据传输至神经网络的输入层，输入层是第一层，数据以神经网络能接受的格式输入。例如，如果神经网络需要输入图像大小为 25×25，该图像数据将转换为该形状并传输到输入层。

接着数据传输到网络的下一层或第一隐藏层。该隐藏层根据这层相关联的激活函数转换数据，然后传输到下一隐藏层，并继续这个过程。

如图 4-53 显示有两层隐藏层，每层有与之相关联的权重。当各自转换完成后就生成最终预测结果。回顾一下上一节中所讨论的 softmax 函数，该函数生成预测概率。下一步中分析这些预测结果。

图 4-53　步骤 1 神经网络显示输入数据转换生成预测结果

步骤 2：现在网络已完成预测，我们必须检查这些预测是否准确及预测值与实际值相差多远。这一步的完成如图 4-54。

这里采用损失函数比较实际和预测值，这一步要生成损失值。

以这种方式沿正向传播信息被称为"正向传播"步骤。

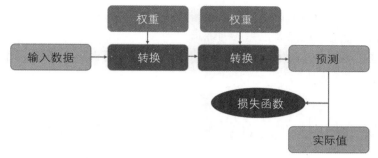

图 4-54　通过比较实际值和预测值计算损失

目前从网络的第一次迭代生成了感知损失，但仍必须优化并最小化该损失，这会在下一步训练中完成。

步骤 3：这一步中一旦计算出损失，损失信息就会返回到网络，优化函数会变更权重来使该损失最小化。我们更新所有神经元各自的权重，生成新的预测结果。然后再次计算损失，该信息再次返回网络进行进一步优化，如图 4-55 所示。

信息反向传回后优化损失称为神经网络过程中的"反向传播"。

提示　反向传播有时被称为深度学习的中心算法。

该过程不断迭代，直到到达损失不再能优化的某个点，然后可以断定网络已训练完成。

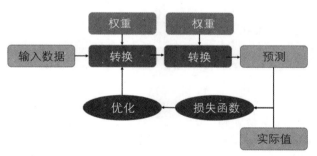

图 4-55　完成优化实现最小化损失后获得最佳解决方案

这是网络训练自身并生成机器学习编译模型的过程，神经网络的训练也称为网络的"学习"。正式地讲，网络的学习指为网络所有的层发现最优化的值和最佳的权重组合。

最初所有权重以随机值初始化，网络做第一次预测，由于这个明显的原因，第一轮回中损失或误差非常高。接着网络遇到新的训练样本，根据已计算的损失更新权重，反向传播作为反馈循环起到了重要作用。训练网络的过程期间，每次迭代时都更新权重。迭代的方向由损失函数的梯度定义，按此方向移动可使损失最小化。当损失不再降低时，网络就已完成训练。

下面通过 Python 创建两个案例，学习如何训练神经网络：一个应用于结构化数据，另一个应用于图像。

4.10 案例分析 1：在结构化数据上建立分类模型

这里采用糖尿病数据集，目标是根据诊断方法诊断某个患者是否患有糖尿病。代码及数据集已上传至 Github。

步骤 1：首先导入库。

```
import numpy as np
import pandas as pd
import seaborn as sns
import matplotlib.pyplot as plt
%matplotlib inline
```

步骤 2：加载数据并查看前 5 行，如图 4-56 所示。

```
pima_df = pd.read_csv('pima-indians-diabetes.csv')
pima_df.head()
```

pima_df.head()

	Preg	Plas	Pres	skin	test	mass	pedi	age	class
0	6	148	72	35	0	33.6	0.627	50	1
1	1	85	66	29	0	26.6	0.351	31	0
2	8	183	64	0	0	23.3	0.672	32	1
3	1	89	66	23	94	28.1	0.167	21	0
4	0	137	40	35	168	43.1	2.288	33	1

图 4-56　数据的前 5 行

步骤 3：生成基础的关键性能指标，如图 4-57 所示。

```
pima_df.describe()
```

```
pima_df.describe()
```

	Preg	Plas	Pres	skin	test	mass	pedi	age	class
count	768.000000	768.000000	768.000000	768.000000	768.000000	768.000000	768.000000	768.000000	768.000000
mean	3.845052	120.894531	69.105469	20.536458	79.799479	31.992578	0.471876	33.240885	0.348958
std	3.369578	31.972618	19.355807	15.952218	115.244002	7.884160	0.331329	11.760232	0.476951
min	0.000000	0.000000	0.000000	0.000000	0.000000	0.000000	0.078000	21.000000	0.000000
25%	1.000000	99.000000	62.000000	0.000000	0.000000	27.300000	0.243750	24.000000	0.000000
50%	3.000000	117.000000	72.000000	23.000000	30.500000	32.000000	0.372500	29.000000	0.000000
75%	6.000000	140.250000	80.000000	32.000000	127.250000	36.600000	0.626250	41.000000	1.000000
max	17.000000	199.000000	122.000000	99.000000	846.000000	67.100000	2.420000	81.000000	1.000000

图 4-57   数据的关键性能指标

步骤 4：为数据绘图，绘制的结果如图 4-58。

```
sns.pairplot(pima_df, hue='class')
```

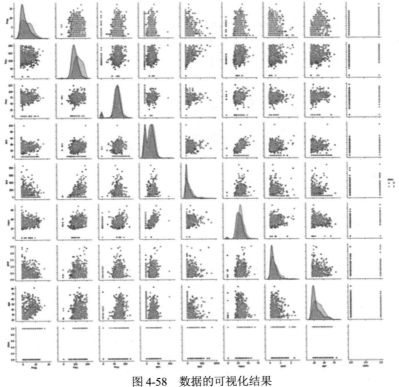

图 4-58   数据的可视化结果

步骤 5：生成相关图，生成结果如图 4-59。

```
sns.heatmap(pima_df.corr(), annot=True)
```

177

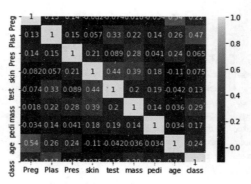

图 4-59　相关图

步骤 6：缩放数据集。

```
X= pima_df.iloc[:,0:8]
y= pima_df.iloc[:,8]
from sklearn.preprocessing import StandardScaler
standard_scaler = StandardScaler()
X = standard_scaler.fit_transform(X)
X
```

步骤 7：数据分割为训练集和测试集。

```
from sklearn.model_selection import train_test_split
X_train, X_test, y_train, y_test = train_test_split(X, y, test_
size=0.2)
```

步骤 8：为神经网络的创建导入库。

```
from keras import Sequential
from keras.layers import Dense
```

步骤 9：开始网络设计。

```
diabetes_classifier = Sequential()
```

对于网络的第一隐藏层，在这种情况下激活函数是 ReLU，神经元数量为 5，采用随机正态分布值初始化权重。

```
diabetes_classifier.add(Dense(5, activation='relu', kernel_
initializer='random_normal', input_dim=8))
```

对于第二隐藏层，激活函数是 ReLU，神经元数量为 5，采用随机正态分布值初始化权重。

```
diabetes_classifier.add(Dense(5, activation='relu', kernel_
initializer='random_normal'))
```

对于输出层，激活函数为 sigmoid，采用随机正态分布值初始化权重。

```
diabetes_classifier.add(Dense(1, activation='sigmoid', kernel_
initializer='random_normal'))
```

采用 adam 优化器，以 cross_entropy 为损失。准确度是必须要优化的度量标准。

```
diabetes_classifier.compile(optimizer ='adam',loss='binary_
crossentropy', metrics =['accuracy'])
```

拟合模型，结果如图 4-60。

```
diabetes_classifier.fit(X_train,y_train, batch_size=10,
epochs=50)
```

```
diabetes_classifier.fit(X_train,y_train, batch_size=10, epochs=50)
Epoch 1/50
614/614 [==============================] - 0s 500us/step - loss: 0.6888 - accuracy: 0.6547
Epoch 2/50
614/614 [==============================] - 0s 127us/step - loss: 0.6758 - accuracy: 0.6547
Epoch 3/50
614/614 [==============================] - 0s 120us/step - loss: 0.6516 - accuracy: 0.6547
Epoch 4/50
614/614 [==============================] - 0s 120us/step - loss: 0.6158 - accuracy: 0.6547
Epoch 5/50
614/614 [==============================] - 0s 98us/step - loss: 0.5786 - accuracy: 0.6547
Epoch 6/50
614/614 [==============================] - 0s 90us/step - loss: 0.5501 - accuracy: 0.6547
Epoch 7/50
614/614 [==============================] - 0s 93us/step - loss: 0.5246 - accuracy: 0.7248
Epoch 8/50
614/614 [==============================] - 0s 87us/step - loss: 0.5015 - accuracy: 0.7818
Epoch 9/50
614/614 [==============================] - 0s 97us/step - loss: 0.4867 - accuracy: 0.7736
Epoch 10/50
614/614 [==============================] - 0s 92us/step - loss: 0.4780 - accuracy: 0.7785
Epoch 11/50
614/614 [==============================] - 0s 96us/step - loss: 0.4732 - accuracy: 0.7801
Epoch 12/50
614/614 [==============================] - 0s 88us/step - loss: 0.4714 - accuracy: 0.7720
Epoch 13/50
614/614 [==============================] - 0s 85us/step - loss: 0.4689 - accuracy: 0.7769
Epoch 14/50
614/614 [==============================] - 0s 88us/step - loss: 0.4672 - accuracy: 0.7769
Epoch 15/50
614/614 [==============================] - 0s 76us/step - loss: 0.4662 - accuracy: 0.7785
Epoch 16/50
614/614 [==============================] - 0s 76us/step - loss: 0.4661 - accuracy: 0.7801
Epoch 17/50
614/614 [==============================] - 0s 84us/step - loss: 0.4649 - accuracy: 0.7850
Epoch 18/50
614/614 [==============================] - 0s 77us/step - loss: 0.4639 - accuracy: 0.7801
Epoch 19/50
614/614 [==============================] - 0s 84us/step - loss: 0.4633 - accuracy: 0.7801
Epoch 20/50
614/614 [==============================] - 0s 76us/step - loss: 0.4626 - accuracy: 0.7834
Epoch 21/50
614/614 [==============================] - 0s 74us/step - loss: 0.4625 - accuracy: 0.7818
Epoch 22/50
614/614 [==============================] - 0s 76us/step - loss: 0.4617 - accuracy: 0.7850
Epoch 23/50
```

图 4-60　模型拟合结果

步骤 10：采用混淆矩阵检查模型准确度，结果如图 4-61 所示。

```
y_pred=diabetes_classifier.predict(X_test)
y_pred =(y_pred>0.5)
from sklearn.metrics import confusion_matrix
cm = confusion_matrix(y_test, y_pred)
print(cm)
```

```
from sklearn.metrics import confusion_matrix
cm = confusion_matrix(y_test, y_pred)
print(cm)

[[86 12]
 [23 33]]
```

图 4-61　混淆矩阵

我们推导出模型具有的准确度为 77.27%，建议通过以下方式进行测试和迭代：

- 增加一、两层以提高网络的复杂度；
- 使用不同激活函数进行测试。这里已使用了 sigmoid，可采用 tanh；
- 增加时期数并检查性能；
- 更好地预处理数据后，再次检查修改后数据集的性能。

4.11　案例分析 2：图像分类模型

这里将利用 fashion MNIST 数据集开发图像分类模型。这个数据库具有 10 个不同类别共 70 000 张灰度图像，是一个用于图像分类问题的标准数据集。该数据集使用 Keras 预先构建，可以轻松加载。

步骤 1：首先导入库。

```
import tensorflow as tf
from tensorflow import keras

import numpy as np
import matplotlib.pyplot as plt
```

步骤 2：导入已预装了 Keras 的 fashion MNIST 数据集，并分为训练和测试图像。

```
fashion_df = keras.datasets.fashion_mnist

(x_train, y_train), (x_test, y_test) = fashion_df.load_data()
```

步骤 3：可用的各种服装如下所示。

```
apparel_groups = ['T-shirt/top', 'Trouser', 'Pullover', 'Dress',
'Coat', 'Sandal', 'Shirt', 'Sneaker', 'Bag', 'Ankle boot']
```

步骤 4：探索数据。

```
x_train.shape
len(y_train)
```

步骤 5：先查看数据的一个元素后开始预处理数据集，通过除以 255 来标准化数据集(像素值的范围从 0 到 255，因此除以 255 来标准化所有数据集的值)，如图 4-62 所示。

```
plt.figure()
plt.imshow(x_train[1])
plt.show()
```

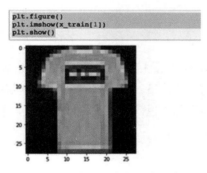

图 4-62　数据集中的一个元素

```
x_train = train_images / 255.0

x_test = test_images / 255.0
```

步骤 6：查看一些样本，还要检查数据的顺序是否正确，如图 4-63 所示。

```
plt.figure(figsize=(25,25))
for i in range(10):
    plt.subplot(10,10,i+1)
    plt.xticks([])
    plt.yticks([])
    plt.grid(False)
    plt.imshow(x_train[i], cmap=plt.cm.binary)
```

```
    plt.xlabel(apparel_groups[y_train[i]])
plt.show()
```

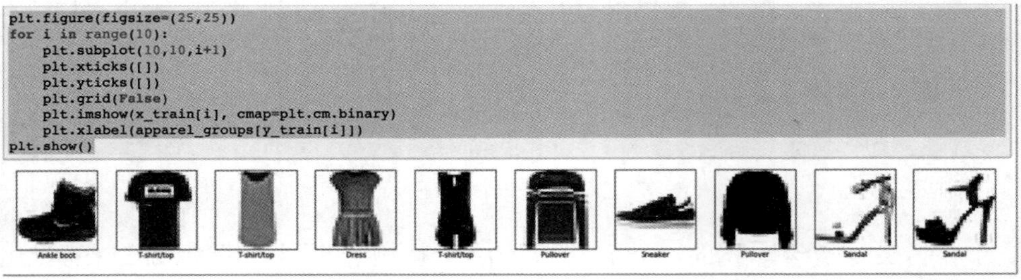
plt.figure(figsize=(25,25))
for i in range(10):
    plt.subplot(10,10,i+1)
    plt.xticks([])
    plt.yticks([])
    plt.grid(False)
    plt.imshow(x_train[i], cmap=plt.cm.binary)
    plt.xlabel(apparel_groups[y_train[i]])
plt.show()
Ankle boot
T-shirt/top
T-shirt/top
Dress
T-shirt/top
Pullover
Sneaker
Pullover
Sandal
Sandal

图 4-63　样本

步骤 7：构建神经网络模型。

```
fashion_model = keras.Sequential([
    keras.layers.Flatten(input_shape=(28, 28)),
    keras.layers.Dense(256, activation='relu'),
    keras.layers.Dense(20)
])
```

这里输入图像形状为(28,28)。压平层将图像格式转换为 28×28，这一步仅重新格式化数据，未学习任何东西。下一步是具有 ReLU 激活函数的层，神经元数量为 256。最后一层有 20 个神经元，返回一个逻辑回归数组，表示一张图像是否属于所训练的 10 个分类之一。

步骤 8：编译模型。

```
fashion_model.compile(optimizer='adam',
              loss=tf.keras.losses.SparseCategoricalCrossentropy
              (from_logits=True),
              metrics=['accuracy'])
```

模型中的参数是各种损失函数，用于测量训练期间模型有多准确。优化器根据模型所见的数据及其损失函数确定如何更新模型，采用了准确度来监控训练和测试步骤。

步骤 9：训练模型，尝试按批大小为 10、时期为 50 进行拟合，如图 4-64 所示。

```
fashion_model = fashion_model.fit(x_train, y_train,
          batch_size=10,
          epochs=50,
          verbose=1,
          validation_data=(x_test, y_test))
```

```
fashion_model = fashion_model.fit(x_train, y_train,
          batch_size=10,
          epochs=50,
          verbose=1,
          validation_data=(x_test, y_test))
```

```
Train on 60000 samples, validate on 10000 samples
Epoch 1/50
60000/60000 [==============================] - 8s 127us/sample - loss: 0.8533 - accuracy: 0.7133 - val_loss: 0.6140 -
val_accuracy: 0.7762
Epoch 2/50
60000/60000 [==============================] - 7s 124us/sample - loss: 0.5337 - accuracy: 0.8095 - val_loss: 0.5237 -
val_accuracy: 0.8096
Epoch 3/50
60000/60000 [==============================] - 8s 128us/sample - loss: 0.4774 - accuracy: 0.8303 - val_loss: 0.4853 -
val_accuracy: 0.8250
Epoch 4/50
60000/60000 [==============================] - 9s 148us/sample - loss: 0.4475 - accuracy: 0.8421 - val_loss: 0.4725 -
val_accuracy: 0.8305
Epoch 5/50
60000/60000 [==============================] - 8s 129us/sample - loss: 0.4280 - accuracy: 0.8475 - val_loss: 0.4584 -
val_accuracy: 0.8328
Epoch 6/50
60000/60000 [==============================] - 8s 128us/sample - loss: 0.4125 - accuracy: 0.8543 - val_loss: 0.4465 -
val_accuracy: 0.8397
Epoch 7/50
```

图 4-64　模型拟合结果

步骤 10：为训练和测试准确度绘图，如图 4-65 所示。

```
import matplotlib.pyplot as plt
f, ax = plt.subplots()
ax.plot([None] + fashion_model.history['accuracy'], 'o-')
ax.plot([None] + fashion_model.history['val_accuracy'], 'x-')
ax.legend(['Train acc', 'Validation acc'], loc = 0)
ax.set_title('Training/Validation acc per Epoch')
ax.set_xlabel('Epoch')
ax.set_ylabel('acc')
```

```
import matplotlib.pyplot as plt
f, ax = plt.subplots()
ax.plot([None] + fashion_model.history['accuracy'], 'o-')
ax.plot([None] + fashion_model.history['val_accuracy'], 'x-')
ax.legend(['Train acc', 'Validation acc'], loc = 0)
ax.set_title('Training/Validation acc per Epoch')
ax.set_xlabel('Epoch')
ax.set_ylabel('acc')
```

Text(0, 0.5, 'acc')

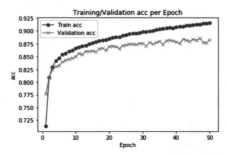

图 4-65　准确度绘图结果

步骤 11：为训练和校验的损失绘图，如图 4-66 所示。

```
import matplotlib.pyplot as plt
f, ax = plt.subplots()
ax.plot([None] + fashion_model.history['loss'], 'o-')
ax.plot([None] + fashion_model.history['val_loss'], 'x-')
ax.legend(['Train loss', 'Validation loss'], loc = 0)
ax.set_title('Training/Validation loss per Epoch')
ax.set_xlabel('Epoch')
ax.set_ylabel('acc')
```

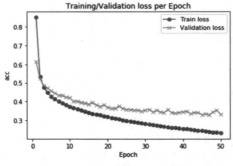

图 4-66　损失绘图结果

步骤 12：输出从模型获得的测试准确度。

```
test_loss, test_acc = fashion_model.model.evaluate(x_test,
y_test, verbose=2)
print('Test accuracy:', test_acc)
```

该模型的测试准确度为 89.03%。如同上一案例，建议通过增加层数和神经元来改变网络架构，并通过使用不同的时期数、批大小等值来度量性能，从而进行迭代。

至此我们已利用深度学习为结构化和非结构化数据实现了两个案例。

深度学习是进一步提高各种能力的驱动力。针对非结构化数据集，神经网络引领着前所未闻的解决方案之路，如卷积神经网络、循环神经网络、长期短期记忆(LSTM)、门控循环单元(GRU)等高级神经网络在各个领域都在创造着奇迹。现在人们能更好地检测癌症、加强安全系统、提高农业收成、减少购物时间，以及采用面部特征允许或限制用户等，案例不胜枚举，在所有的领域中都能感受到深度学习的连锁效应。

至此就到了本书第 4 章的结尾，下面总结该章内容。

4.12　小结

本章非常特殊，这是因为这章所研究的是各种高级概念，但这些高级概念是构建在前面各章中已建立的基础之上。这些高级概念和算法正是时代所需要的，我们利用更好的处理能力和强化的系统，就能实现更快的解决方案。现在可以使用的计算能力，十年前还不存在，现在有 GPU 和 TPU 为人们所用，还可存储和管理 TB 级或 PB 级的数据。数据收集的策略也提高了很多，能以更结构化的方式收集实时数据。数据管理工具也不限于独立服务器，而已扩展到基于云的基础设施，提供了实现更高级的基于机器学习技术的工具和信心，从而进一步提高功能。

同时我们也不能低估前面章节中所学算法的重要性，线性回归、决策树、knn、朴素贝叶斯等都是机器学习的基础，挑选显著变量时仍然是受欢迎的选择。这些算法设立性能的各种基准，词袋法和提升集成方法则进一步强化能力，因此，在开始提升算法或词袋算法前，应采用这些基准算法测试并建立性能评估标准。

随着深度学习的出现，人们能够处理更复杂的数据集。深度学习为性能提供了额外的推动力，但处理深度学习算法还需要更好的硬件系统，这种情况下，基于云的基础设施能提供良好服务，可将代码部署到 Google Colaboratory 后运行代码，从而利用服务器的处理能力。

至此已讨论了本书范围内的监督学习算法，第 1 章介绍了机器学习，第 2 章和第 3 章研究了回归和分类问题，第 4 章学习了提升法、SVM、深度学习模型等高级算法并处理了结构化和非结构化数据。下一章，也是本书的最后一章，将讨论模型生命周期端到端的过程——从开始到维护。

学习本章之后应能够回答以下问题。

练习题

问题 1：有哪些可用的梯度提升方法？

问题 2：SVM 算法如何区分类别？

问题 3：文本数据的数据预处理步骤是什么？

问题 4：神经网络有哪些层？

问题 5：什么是神经网络中的损失函数和优化函数？

问题 6：使用上一章中分类问题所用数据集，采用 SVM 和提升算法测试准确度。

问题 7：从 https://www.kaggle.com/uciml/breast-cancer-wisconsin-data 下载乳腺癌分类数据。清理数据并比较随机森林和 SVM 算法的性能。

问题 8：从 https://www.kaggle.com/bittlingmayer/amazonreviews 获取亚马逊评论数据集，分析亚马逊客户评论，客户评论作为输入文本且输出等级作为输出标记。使用所讨论的技术清理数据并创建分类算法进行预测。

问题 9：从 http://ai.stanford.edu/~amaas/data/sentiment/下载电影评论文本数据集并创建情感二分类问题。

问题 10：从 https://www.kaggle.com/c/dogs-vs-cats 获取图像并采用神经网络建立图像二分类解决方案，区分狗和猫。

问题 11：从 https://www.cs.toronto.edu/~kriz/cifar.html 下载数据，将前面问题扩展到多分类问题。

问题 12：请阅读下面的研究论文。

https://www.sciencedirect.com/science/article/abs/pii/S0893608014002135

https://www.sciencedirect.com/science/article/pii/S0893608019303363

https://www.aclweb.org/anthology/W02-1011/

http://www.jatit.org/volumes/research-papers/Vol12No1/1Vol12No1.pdf

https://ieeexplore.ieee.org/document/7493959

第 **5** 章

端到端模型开发

> "旅程本身就是目的地。"
>
> ——Dan Eldon

学习的道路是无穷尽的，需要耐心、时间、决心和勤奋。虽然道路艰辛，但只要有决心就会有收获。

本书的学习道路上，我们已跨出了第一步，数据科学和机器学习正无所不在地改变着商业世界，监督学习的解决方案正在所有领域和业务流程中产生着影响。

前四章中涵盖了回归、分类及提升和神经网络这样的高级主题，我们理解了各种概念，通过各种案例分析开发了 Python 解决方案。这些机器学习模型可用于各种业务关键性能指标的预测和估算，如收益、需求、价格、客户行为及欺诈等。

但在实际的商业世界中，这些机器学习模型必须在生产环境中进行部署，用于在生产环境中根据真实未见数据做预测，本章中将对这些内容进行讨论。

目前有很多有关于机器学习和数据科学的最佳实践，本章将涵盖所有的实践，还将讲述创建机器学习模型时面临的各种最常见的挑战，如过拟合、空值、数据不平衡及离群值等。

5.1 所需技术工具

本章将使用 Python 3.5 或以上版本。本书采用 Jupyter Notebook 应用程序，执行代码需要安装 Anaconda-Navigator。所有数据集及代码已上传至 Github 库 https://github.com/Apress/supervised-learning-w-python/tree/master/Chapter%205，可轻松下载并运行。

5.2 机器学习模型开发

第 1 章中曾简短讨论了模型开发的端到端过程，这里将详细讨论每个步骤、每个步骤所面临的最常见挑战及如何应对这些挑战，这些都将在模型部署阶段达到顶峰。图 5-1 是要遵循的模型开发过程。

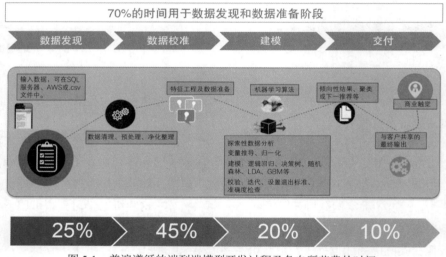

图 5-1 普遍遵循的端到端模型开发过程及各自所花费的时间

机器学习模型开发步骤如下。

步骤 1：定义业务问题

步骤 2：数据发现

步骤 3：数据整理和准备

步骤 4：EDA

步骤 5：统计建模

步骤 6：模型部署

步骤 7：正确文档化

步骤 8：模型部署后需要持续进行模型更新和模型维护。

这里将详细讨论所有步骤、其中面临的常见问题及如何处理这些问题。整个过程由实际的 Python 代码补充完成。

5.3　步骤 1：定义业务问题

一切从业务问题开始。业务问题必须简洁、清晰、可度量且可实现，不能像"提高利润"这样含糊其辞，必须精确定义明确的业务目标及可度量的关键性能指标。

业务问题常见的争论点如下：

- 模糊的业务问题是需要解决的麻烦事，例如每个企业都希望增加收益、提高利润，同时降低成本。像提高利润这种不清楚且模糊的业务问题应予以避免；
- 业务目标必须是可实现的，不能指望机器学习模型一夜之间增加 80% 的收益或一个月内降低一半的成本。因此目标必须是能够在一定时间范围内实现的；
- 有时定义的业务目标不是定量的。如果业务问题是"提高对客户群的了解"，则不具有可度量的关键性能指标，因此当务之急是清晰定义业务问题并能采用关键性能指标来度量；
- 有时在决策业务问题或开发过程中会产生范围蔓延。范围蔓延指一段时间后初始业务目标会增加或目标随时间发生变化，也会涉及业务目标本身的变化。设想在机器学习模型预测客户流失倾向的情况下，项目过程中目标改变为预测客户购买某个产品的倾向，这肯定会减小解决方案的范围并影响所期待的输出，这样的步骤是不予鼓励的。

良好的业务问题是简洁、可实现、可度量且可重复的，如图 5-2 所示。

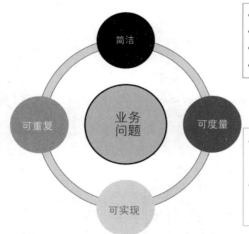

- 增加生产
- 减低成本
- 一个月内增加收入80%
- 自动化整个过程

- 优化各种成本(A、B、C和D)并确定最佳组合，在6个月内减低成本1.2%

- 从过程缺陷的各种因素(X、Y、Z)中识别最显著的因素，在3个月内降低缺陷1.8%

图 5-2　良好的业务问题是简洁、可度量、可实现且可重复的

简而言之，具有严谨的范围和严格定义的业务问题为成功创建机器学习模型铺平了道路。

提示　业务利益相关者是项目最终成功的关键，应从最初阶段就适当地参与到项目中。

下面进入下一步，即数据发现阶段。这是非常重要的一步，将决定是否可以继续进行机器学习建模！

5.4　步骤 2：数据发现阶段

这是项目最关键的阶段，因为这个阶段决定了项目的未来。数据发现阶段包含以下内容。

(1) 做分析必须要用到的数据库。必须请求数据库各自的相关权限，对所有需要的表进行标记。一般这些表要移到开发环境中，开发环境可以是SQL/Oracle/Redshift/NoSQL 数据库；

(2) 有些数据源的形式为 Excel 或.csv/文本文件，这些文件必须载入数据库，方便随时加载。另外，最好不要将数据文件保存在自己的台式电脑/笔记本电脑中。但随着近期基于数据的架构激增，这些数据源可以存储在 S3 或 Azure Data Lake Storage 等对象存储上；

(3) 所用的数据集必须是完整的并且与要解决的业务问题相关。例如，如果要建立月销售估算模型，应至少具有过去两三年的数据，不能有缺失；

(4) 所用数据集必须足以代表手中的业务问题，应足够完整，这样数据集才能代表业务中所有的随机性。例如，如果一家制造厂要实现预测性维护模型，那么数据集应包含作为业务问题部分的所有设备的数据；

(5) 这个阶段还要计划数据的更新。机器模型的构建可能需要一段时间，因此完成构建前可能需要更新数据。

数据发现阶段通常面临的问题如下。

- 数据集不完整、有丢失的月份、有不可用的关键信息(如收益、客户数量或产品信息)。例如，考虑要构建一个确定未来几个月内某个客户是否会流失的模型，如果没有收益的详细信息(表 5-1)，该模型就无法发现数据中的模式来预测流失倾向。

表 5-1　作为目标变量的流失客户数据样本

客户号	收入	访问次数	商品数量	流失(是/否)
1001	100	2	10	是
1002	-	3	11	是
1003	102	4	9	否
1004	?	5	10	否

这种情况下的当务之急是要有这些丢失的数据点，才能做出数据的正确推导。要解决这个问题，如果不能获得这列数据，那么可以尝试着估计丢失的数据点。例如，前面示例中，可用访问次数替代丢失的数据点。

- 如果具有包含多种类型信息数据的多个数据表，就出现了第二个问题。如果缺失链接或关键字，那么会很难充实数据。例如，表 5-2 中有源自三张表的数据。

表 5-2　各表代表员工数据(员工人口统计、就业明细和薪水)

员工号	姓名	年龄	性别		员工号	等级	岗位	部门
1	Jack	24	男		1	20	工程师	运营
2	Tom	25	男		2	21	工程师	品质
3	Michelle	26	女		3	22	高级工程师	工艺
4	Lidia	28	女		4	23	高级工程师	客户关系管理
5	Allan	30	男		5	24	经理	市场

员工号	薪水	国籍	所用货币
1	100	美国	美元
2	101	美国	美元
3	110	美国	美元
4	102	爱尔兰	欧元
5	90	英国	英镑

表 5-2 中员工号(EmpID)是三个表之间的通用键。如果这个共享关系不存在或被破坏,则无法连接各表来创建所有字段之间有意义的关系。如果各表信息中有缺失的关系,则不能得到连贯且完整的数据集。

遗憾的是,如果缺失了这一链接,我们将对数据集无从下手。尽管仍可用部门或国家作为替代关键字连接各表,但不可能 100%准确。

- 数据不一致及错误引用都可能颠覆数据中所提取的分析和洞察结果。例如,如果不同系统获取了客户收益却不彼此同步,那么结果就不会正确。

  改善的步骤如下。

  a. 从数据库创建尽可能多关键性能指标的初始报告:如收益、客户、交易、设备数量、策略数量等关键性能指标;

  b. 与业务利益相关者一起获得经过验证和交叉校验的关键性能指标;

  c. 发现计算有误的关键性能指标并采用准确的业务逻辑进行修正;

  d. 重新建立报告并在修改结果上签字。

- 数据质量是最大的挑战之一。回顾一下第 1 章中讨论过的高质量数据属性,这里将详细重温这些概念,并讨论如何在下一步中解决数据所面临的挑战。

- 原始数据中还会出现如下的其他问题。

a. 有时一个列可能含有不止一个变量的信息，这种情况可发生在数据捕获阶段或数据转换阶段；

b. 表头不正确且是数值，或表头名称中有空格，会导致引用这些变量时会很头疼。例如，表 5-3 提供了数据集中不正确列标题的两个示例。左侧表具有数值的列标题，同时列的标题有空格。第二张表中给予了矫正。

表 5-3　数据集中不正确的表头

Day Temp	1	2	Humidity	Failed
1	2.5	1.1	100	Y
1	2.1	1.2	100.1	Y
1	2.2	1.2	100.2	Y
1	2.6	1.4	100.3	N
1	2	1.1	99.9	Y
1	2.5	1.1	99.8	N
1	2.1	1.3	100.5	Y
1	2.2	1.3	100.5	Y
1	2.6	1.4	101	Y
1	2	1.1	99	Y

Day_Temp	ABC	PQR	Humidity	Failed
1	2.5	1.1	100	Y
1	2.1	1.2	100.1	Y
1	2.2	1.2	100.2	Y
1	2.6	1.4	100.3	N
1	2	1.1	99.9	Y
1	2.5	1.1	99.8	N
1	2.1	1.3	100.5	Y
1	2.2	1.3	100.5	Y
1	2.6	1.4	101	Y
1	2	1.1	99	Y

这种情况下，聪明的方法是用字符串替换数值的列表题，也建议用 “_” 这样的符号替换空格或连接空格。前面示例中，Day Temp 已变为 Day_Temp，1 和 2 已分别变为 ABC 和 PQR。真实的应用程序中应为 ABC 和 PQR 找到各自的逻辑名称。

数据发现阶段产生最终要使用的表和数据集，如确实存在数据根本不完整的情况，就可能决定不再继续完成数据集。

现在是时候讨论所有步骤中最耗时的数据清理和数据准备阶段。

5.5　步骤 3：数据清理和准备

所有步骤中最耗时的可能是数据清理和数据准备阶段，一般与步骤 2 一起占全程中 60%～70%的时间。

数据发现阶段将产生以后要用于分析的数据集，但这不意味着这些数据集是整洁且可以使用的，需要通过特征工程及预处理来解决。

提示　数据清理不是一项有趣的工作，需要耐心、严谨和时间。从本质上讲是迭代的。

数据所面临的最常见问题如下。
- 数据集中存在重复值；
- 具有分类变量，但我们只想用数值特征量；
- 数据中存在缺失数据、空值或无效值；

- 不平衡的数据集；
- 数据中具有离群值；
- 完成其他常见问题和转换。

让我们从第一个问题开始解决，即数据集中的重复值。

5.5.1 数据集中的重复值

如数据集的行与行彼此完全相同，则是重复值。这意味着每列中每个值都完全相同且顺序也相同。这样的问题可发生在数据捕获阶段或数据加载阶段。例如，在填写调查时，某人填写了一次后又再次提供了同样的详细信息。

重复行的示例如同表 5-4 所示。注意行 1 和 5 是重复值。

表 5-4　应删除的重复行样本数据

客户号	收入	性别	项目	日期
1001	100	男	4	2020 年 1 月 1 日
1002	101	女	5	2020 年 1 月 2 日
1003	102	女	6	2020 年 1 月 4 日
1004	104	女	8	2020 年 1 月 2 日
1001	100	男	4	2020 年 1 月 1 日
1005	105	男	5	2020 年 1 月 5 日

如果数据集中有重复值，模型的性能就不可信。如果重复记录成为训练和测试数据集的一部分，那么模型性能会错误地提高和产生偏差，就会在实际情况不佳时得出模型表现良好的结论。

我们能通过几个简单命令识别出重复值的存在并从数据集中将重复值删除。

表 5-4 中显示了重复行的示例(行 1 和行 5)。我们在 Python 中加载具有重复值的数据集并进行处理。所用数据集为 Iris 数据集，已在第 2 和 3 章中使用过。代码可在 Github 上下载，链接为 https://github.com/Apress/supervised-learning-w-python/tree/master/Chapter%205。

步骤 1：导入库。

```
from pandas import read_csv
```

步骤 2：采用 read_csv 命令加载数据集。

```
data_frame = read_csv("IRIS.csv", header=None)
```

步骤 3：观察数据集中行和列的数量。

```
print(data_frame.shape)
(151,5) there are 151 rows present in the dataset
```

步骤 4：检查数据集中是否存在重复值。

```
duplicates = data_frame.duplicated()
```

步骤 5：输出重复行，如图 5-3 所示。

```
print(duplicates.any())
print(data_frame[duplicates])
```

```
True
         0    1    2    3              4
35      4.9  3.1  1.5  0.1        Iris-setosa
38      4.9  3.1  1.5  0.1        Iris-setosa
143     5.8  2.7  5.1  1.9     Iris-virginica
```

图 5-3　重复行查询结果

从输出可以看出有三行重复，必须删除。

步骤 6：采用 drop_duplicates 命令删除重复行并再次检查形状属性。

```
data_frame.drop_duplicates(inplace=True)
print(data_frame.shape)
```

形状属性减少为 148 行。

这就是检查重复值并从数据集删除来加以处理的方法。

重复值会使机器学习的准确度错误地提升，因此必须进行处理。现在讨论下一个常见的、要关注的问题：分类变量。

5.5.2　数据集的分类变量处理

分类变量不算数据集中的问题，而是信息和洞察结果的丰富源泉，如性别、邮编、城市、类别、情感等变量其实是富有洞察力且有用的。

然而数据集中具有的分类变量可产生下面问题。

(1) 分类变量可能只具有很少量的不同值，例如，变量是"城市"且群体中很大百分比的这个值都为真，那么该变量的作用较小，不会在数据集中产生任何变化，也就不能证明有用；

(2) 同样，"邮编"这样的分类变量具有很多不同的值，这种情况下就变得很难使用，也就不能增加多少信息用于分析；

(3) 机器学习算法基于数学概念，如 k 最近邻算法计算数据点之间距离。如果一个变量本质上是分类变量，那么无法用像欧几里得或余弦这样的距离指标计算距离。一方面，决策树能处理分类变量；另一方面，逻辑回归、SVM 等算法不适用于将分类变量作为输入；

(4) 目前为止很多像 scikit-learn 这样的库只能处理数值数据，这些库提供了很多稳健的解决方案，可以处理接下来要讨论的数值数据。

因此当务之急是处理数据集中存在的分类变量。分类变量有很多方式可以处理，下面是其中的一些。

(1) 将分类值转换为数值。表 5-5 中用数值代替了分类值，例如，城市用数值代替。

表 5-5　如城市等分类变量以数值表示

客户号	收入	城市	项目	客户号	收入	城市	项目
1001	100	新德里	4	1001	100	1	4
1002	101	伦敦	5	1002	101	2	5
1003	102	东京	6	1003	102	3	6
1004	104	新德里	8	1004	104	1	8
1001	100	纽约	4	1001	100	4	4
1005	105	伦敦	5	1005	105	2	5

如案例所示，城市用数值代替。这个方式的问题是，机器学习模型会断定伦敦的排名高于东京，或新德里是纽约的四分之一，这些洞察结果显然是误导。

(2) 最常用的方法之一是一键有效编码。一键有效编码中每个不同的值都表示为数据集中单独的列。值出现的单元格分配 1，否则为 0。创建的附加变量称为虚变量。例如，前例中实现了一键有效编码后的数据集，结果如表 5-6 所示。

表 5-6　一键有效编码将分类变量转换为数值，导致数据中维度数量的增加

客户号	收入	城市	项目	客户号	收入	新德里	伦敦	东京	纽约	项目
1001	100	新德里	4	1001	100	1	0	0	0	4
1002	101	伦敦	5	1002	101	0	1	0	0	5
1003	102	东京	6	1003	102	0	0	1	0	6
1004	104	新德里	8	1004	104	1	0	0	0	8
1001	100	纽约	4	1001	100	0	0	0	1	4
1005	105	伦敦	5	1005	105	0	1	0	0	5

与采用数值替换相比，这无疑是一种更为直观和稳健的方法。在 pandas 中有一种 get_dummies 方法，可以通过增加附加变量，将分类变量转换为虚拟变量。sklearn.preprocessing.OneHotEncoder 中还有一个方法也能完成这项工作。本书前面已处理过分类变量转换为数值的问题。

但一键有效编码不是十分可靠的方法。想象要处理具有 1000 个等级的数据集，这种情况下附加列的数量会是 1000 列。此时，数据集会非常稀疏，只有一列具有值 1，剩下的则值为 0。这种情况下，建议首先合并几个分类值并减少不同等级的数量，然后再进行一次有效编码。

分类变量提供有关各种等级的很多洞察结果，同时我们必须意识到哪些是能够处理分类变量的算法，而哪些不是，也并不总是需要将分类变量转换为数值变量！

下面讨论数据集中最常见类型的缺陷：缺失值。

5.5.3　数据集中存在的缺失值

大多数真实世界的数据集都有变量的缺失值，以 NULLS、NAN、0、空白等形式出现在数据集中，这些缺失值可能是在数据捕获或数据转换期间引入的，也或许这些数据不存在。几乎所有数据集都有缺失值，无论是分类或数值的，所以必须处理这些缺失值。

例如，表 5-7 中的缺失值有空值(NULL)、无效值(NAN)和空白值，这些缺失值必须要加以处理。

表 5-7　数据集中存在的缺失值

客户号	收入	城市	项目
1001	NULL	新德里	4
1002	101	NULL	5
1003	102	东京	–
1004	NAN	–	8
1001	100	–	NULL
1005	105	伦敦	5

分析时缺失值会造成很大问题，平均值和中间值会因此发生偏移，从而不能从数据集中获得正确结论。由于各种变量之间的关系会发生偏移，因此会产生一个有偏差的模型。

　　提示 如果值为 0，那么是不能判定该值为缺失值的。有时空值(NULL)也是正确的数据点。因此必须在处理缺失值之前要先应用业务逻辑。

　　由于下面原因会导致数据有缺失值。

　　(1) 数据提取阶段未正确地记录这些值，这可能归因于设备故障或不具有足够的能力记录这些数据；

　　(2) 很多时候非强制性的数据就没有被输入。例如，填表时客户可能不想输入地址；

　　(3) 还有可能是完全随机的缺失值，没有任何模式或理由；

　　(4) 有时(特别是问卷调查等情况)发现没有收到人们的某个属性，例如做回答的人可能不愿意分享工资详细信息；

　　(5) 缺失值也可能遵循某个模式。例如，某个年龄组或某个性别或某个地区可能有数据缺失，这可能是由于不可用性或没有为该特定年龄组、性别或地区获取数据。

　　为了减少缺失值，第一步应检查数据是否由于设计而缺失或是不是值得处理的数据。例如可能某个传感器在超过特定压力范围时不记录任何温度值，这种情况下温度缺失值是正确的。

　　我们还应检查缺失值相关于其他自变量及目标变量是否有任何模式。例如，查看表 5-8 中的数据集，我们可以推导出当温度值为空值(NULL)时设备出现故障。这种情况下，数据中温度和故障变量就有清晰的关系模式，那么删除温度或处理温度变量就是错误的步骤。

表 5-8　空值(NULL)不一定都不好

温度	压力	粘度	湿度	故障
10	2	1.1	100	否
NULL	2	1.2	100.1	是
11	1	1.3	100.2	否
12	1	1.4	100.3	否
14	2	1.1	99.9	否
NULL	2	1.1	99.8	是
11	1	1.2	100.5	否
10	2	1.3	100.5	否
NULL	1	1.4	101	是
NULL	2	1.1	99	是

若确定要处理缺失值，可通过下面几种方式来完成。

(1) 仅**删除**带有缺失值的行，这可认为是最简单的方式，仅需要删除任何有缺失值的行。这种方法最大的优势是实现简单快捷，但缩小了群体的大小。全面删除具有缺失值的所有行有时会删除非常重要的信息，因此删除时要慎重；

(2) **平均值、中间值或众数填补**：我们可能想要用平均值、中间值或众数填补缺失值，但平均值和中间值仅可用于连续变量，众数可用于连续和分类变量。

在没有任何数据探索性分析时是不能实施平均值填补或中间值填补的，我们应该了解分析，如果采用平均值或中间值填补缺失值，是否可能影响数据中的任何模式。例如，表 5-9 中由于明确表明了温度与压力和粘度的相关性，因此用平均值填补温度缺失值就是错误的策略。如果要用平均值填补缺失值，则会产生有偏差的数据集。这种情况下应采用下面将讨论的其他更好方式。

表 5-9　空值(NULL)不一定总是用平均值、中间值和众数填补，需要慎重分析才能做出结论

温度	压力	粘度	湿度	故障
1	2.5	1.1	100	否
2	2.1	1.2	100.1	是
20	15	20	100.2	否
NULL	16	25	100.3	否
5	2	1.1	99.9	否
NULL	18	28	99.8	是
21	19	29	100.5	否
2	2	1.3	100.5	否
4	1	1.4	101	是
5	2	1.1	99	是

可采用以下 Python 代码填补缺失值，其中的 SimpleImputer 类用于填补缺失值，代码如下所示。代码可以在 Github 上获得，链接为 https://github.com/Apress/supervised-learning-w-python/tree/master/Chapter%205。

```
import numpy as np
from sklearn.impute import SimpleImputer
Next, impute the missing values.
impute = SimpleImputer(missing_values=np.nan,
strategy='mean')
impute.fit([[2, 5], [np.nan, 8], [4, 6]])
```

```
SimpleImputer()
X = [[np.nan, 2], [6, np.nan], [7, 6]]
print(impute.transform(X))
```

```
[[3.            2.          ]
 [6.            6.33333333]
 [7.            6.          ]]
```

图 5-4   用平均值填补缺失值

这个函数的输出是用平均值填补缺失值，结果如图 5-4 所示，跟前面的函数中所用的 strategy='mean'是一样的。

这个 SimpleImputer 类还可用于稀疏矩阵，结果如图 5-5 所示。

```
import scipy.sparse as sp
matrix = sp.csc_matrix([[2, 4], [0, -2], [6, 2]])
impute = SimpleImputer(missing_values=-1,
strategy='mean')
impute.fit(matrix)
SimpleImputer(missing_values=-1)
matrix_test = sp.csc_matrix([[-1, 2], [6, -1], [7, 6]])
print(impute.transform(matrix_test).toarray())
```

```
[[2.66666667 2.          ]
 [6.            1.33333333]
 [7.            6.          ]]
```

图 5-5   用于稀疏矩阵的 SimpleImputer

SimpleImputer 类还可以处理分类变量，采用最常用的值进行填补，结果如图 5-6 所示。

```
import pandas as pd
data_frame = pd.DataFrame([["New York", "New
Delhi"],[np.nan, "Tokyo"],["New York", np.nan],[
"New York", "Tokyo"]], dtype="category")
impute = SimpleImputer(strategy="most_frequent")
print(impute.fit_transform(data_frame))
```

```
[['New York' 'New Delhi']
 ['New York' 'Tokyo']
 ['New York' 'Tokyo']
 ['New York' 'Tokyo']]
```

图 5-6   用于分类变量的 SimpleImputer

(3) 用机器学习模型预测：可利用机器学习模型估计缺失值。需要将数据集分为训练集和测试集，然后创建模型进行预测。例如，我们可采用 k 最近邻方法预测缺失值。如图 5-7 所示，缺失数据点的值是黄色的，用 knn 填补可完成缺失的填补，knn 已在第 4 章中进行了详细讨论，建议再次阅读那些概念。

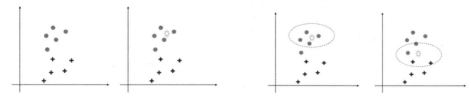

图 5-7　k 最近邻方法用于缺失值填补

用于填补的 knn 方法对于定性和定量两种变量都有用。该方法考虑各种变量的相关性，是该方法的强大优势之一。knn 方法不需要为每个缺失值创建一个预测算法，还会关注是否有多个缺失值。由于要搜索整个数据集查找相似性，该方法会变得很慢且耗时。还有一个弱点在于 k 值，该方法对选择填补用的 k 值非常敏感。

同样可用如随机森林等其他算法填补缺失值。下面开发代码生成具有缺失值的样本数据集，然后用 knn 方法填补。

步骤 1：导入必要的库。

```
import numpy as np
import pandas as pd
```

步骤 2：创建含有缺失值的数据集。数据集是具有 5 列的数据帧，但有些值缺失了。

```
missing_dictionary = { 'Variable_A': [200, 190, 90, 149,
                        np.nan],
                        'Variable_B': [400, np.nan, 149,
                        200, 205],
                        'Variable_C': [200,149, np.nan,
                        155, 165],
                        'Variable_D': [200, np.nan, 90,
                        149,100],
                        'Variable_E': [200, 190, 90, 149,
                        np.nan],}
missing_df = pd.DataFrame(missing_dictionary)
```

步骤 3：观察数据帧，如图 5-8 所示，能看见数据集中存在一些空值。

```
missing_df
```

	Variable_A	Variable_B	Variable_C	Variable_D	Variable_E
0	200.0	400.0	200.0	200.0	200.0
1	190.0	NaN	149.0	NaN	190.0
2	90.0	149.0	NaN	90.0	90.0
3	149.0	200.0	155.0	149.0	149.0
4	NaN	205.0	165.0	100.0	NaN

图 5-8　观察数据帧

步骤 4：用 knn 填补缺失值，可能需要安装 KNNImputer 模块。

```
from sklearn.impute import KNNImputer
missing_imputer = KNNImputer(n_neighbors=2)
imputed_df = missing_imputer.fit_transform(missing_df)
```

步骤 5：再次输出数据集，则会发现缺失值已填补，如图 5-9 所示。

```
imputed_df
```

```
array([[200. , 400. , 200. , 200. , 200. ],
       [190. , 302.5, 149. , 150. , 190. ],
       [ 90. , 149. , 160. ,  90. ,  90. ],
       [149. , 200. , 155. , 149. , 149. ],
       [169.5, 205. , 165. , 100. , 169.5]])
```

图 5-9　再次观察数据集

用模型预测缺失值是一种良好的方法，但需要有个基本假设，就是数据集中，缺失值与其他属性存在关系。

缺失值是最常面临的挑战之一，几乎没有数据集不存在缺失值。我们必须明白一个事实，就是缺失值不意味着不完整。但一旦确定有缺失值，那么最好对其进行处理。

下面进入下一挑战，即不平衡数据集。

5.6　数据集中的不平衡

考虑有一家银行要为客户提供信用卡，一天几百万笔交易中总有一些欺诈交易，银行希望创建机器学习模型，以便从真实交易中探测出欺诈交易。

目前欺诈交易的数量非常少，可能所有交易中欺诈性的交易不足 1%，因此可用的训练集不足以代表欺诈交易，这称为不平衡数据集。

不平衡数据集在预测模型中可导致严重问题，机器学习模型将不能学习欺诈交易的特征。另外还会引起准确度悖论，前面案例中如果机器学习模型预测所有输入交易都具真实性，那么模型的总准确度就会是 99%！令人惊奇，是吧？但模型将所有输入交易预测为真实交易，其实是不正确的，也违背了机器学习的初衷。

下面是一些应对不平衡问题的解决方案。

(1) 收集更多数据并修正不平衡，是一个兼具可实施性和实用性的最佳解决方案。当具有更多数量的数据点时，二分类模型从两个类的平衡混合数据集中获取数据样本，多分类模型则从所有类的平衡混合数据集中得到数据样本；

(2) 过采样及欠采样方法：可以过采样代表比例不足的分类或欠采样那些超比例的分类。这些方法非常易于实现，也能快速执行，但两种方法都含有内在的挑战。使用欠采样或过采样时，训练数据可能会产生偏差，采样时可能会丢失某些重要特征或数据点。下面是过采样或欠采样时应遵循的一些规则。

a. 如有数据点数量较小，倾向于过采样；

b. 如拥有大量可用的数据集，倾向于欠采样；

c. 没必要使所有分类的比例相等。如目标变量中有 4 个分类，那么没必要每个分类都占 25%。我们也可以只针对比较较小的那部分；

d. 提取样本时使用分层抽样方法(图 5-10)，随机抽样和分层抽样的区别是分层发生时分层抽样兼顾所有要使用变量的分布。换句话讲，分层样本中得到的各变量分布与总体一样，这是随机抽样时可能不能保证的。

图 5-10　分层指所要关注的变量的分布

总体和样本中，分层维持相同比率。例如，图 5-10 所示群体中男女比例为 80:20。群体 10%的样本中男女比例应通过分层维持 80:20，随机抽样不一定能够保证。

提示　过采样/欠采样只能用于训练数据，不应处理测试数据。因此只能在数据完成训练/测试分割后进行过采样/欠采样，而不是在此之前进行。

---

(3) 模型准确度的度量方式是可以改变的。前面讨论的欺诈探测案例分析中，准确度不应该是要针对或要达到的参数，而应将召回率作为要优化和瞄准的参数；

(4) 我们要尝试一系列的算法，而不只聚焦于一类或一个算法，这样就能检测和计量不同算法的有效性。已发现决策树在这种情况下通常表现良好；

(5) 也可实现 SMOTE 算法，用于生成或合成数据。SMOTE 是过采样技术，全称为系统少数类过采样技术(Systematic Minority Oversampling)。

SMOTE 的工作方式如下。

a. 分析目标分类的特征空间；

b. 接着检测最近邻并选择相似数据样本。一般来讲，用距离测量可选择两个及以上的实例；

c. 然后在近邻的特征空间内随机改变一列；

d. 生成合成样本，而不是原始数据的完全拷贝。

我们通过示例来学习。使用不平衡的信用卡欺诈数据集，我们需要使这个数据集平衡。数据集和代码可以在 Github 上获得，链接为 https://github.com/Apress/supervised-learning-w-python/tree/master/Chapter%205。

步骤 1：导入所有的库。可能需要安装 SMOTE 模块。

```
import pandas as pd
from imblearn.over_sampling import SMOTE
from imblearn.combine import SMOTETomek
```

步骤 2：读取信用卡数据集。

```
credit_card_data_set = pd.read_csv('creditcard.csv')
```

步骤 3：创建 X 和 y 变量，然后使用 SMOTE 方法重新采样。

```
X = credit_card_data_set.iloc[:,:-1]
y = credit_card_data_set.iloc[:,-1].map({1:'Fraud',
0:'No Fraud'})
X_resampled, y_resampled = SMOTE(sampling_
strategy={"Fraud":500}).fit_resample(X, y)
X_resampled = pd.DataFrame(X_resampled, columns=
X.columns)
```

步骤 4：查看原始数据集中各分类的百分比。

```
class_0_original = len(credit_card_data_set[credit_
card_data_set.Class==0])
class_1_original = len(credit_card_data_set[credit_
card_data_set.Class==1])
print(class_1_original/(class_0_original+class_1_
original))
```

得到的结果是 0.00172，也就是 0.172%。

步骤 5：重新采样后分析百分比分布。

```
sampled_0 = len(y_sampled[y_sampled==0])
sampled_1 = len(y_sampled[y_sampled==1])
print(sampled_1/(sampled_0+sampled_1))
```

得到的结果是 50%，可见数据集的平衡从不到 1%增加到 50%。

SMOTE 是处理分类不平衡的绝佳方法，快速且易于执行，并且可以提供良好的数值结果。但 SMOTE 用于分类变量会出错。例如，分类变量 "Is_raining(是否下雨)"，这个变量只有二进制值(如 0 或 1)。SMOTE 可能产生出这个变量的十进制值 0.55，这是不可能的。因此使用 SMOTE 时务必谨慎！

至此我们已完成了不平衡数据的处理，这是所面临的最重要挑战之一：它不仅影响机器学习模型，还会对准确度度量产生永久性影响。下面讨论数据集中离群值的问题。

5.7　数据集中的离群值

考虑：某项生意的每日平均销售额为 1000 美元。销售好的日子里一个客户就消费了 5000 美元，这将使整个数据集发生偏移。抑或天气预报数据集中某个城市的平均降雨量为 100 厘米，但由于干旱季节，该季节无雨，这将彻底改变从该数据中产生的推导结果。这些数据点就称为离群值。

离群值对机器学习模型会造成不良影响，离群值所面临的问题如下。

(1) 对模型公式造成严重影响，如图 5-11 所示。由于离群值的存在，回归公式要试着拟合离群值，使得实际使用的公式不是最佳的公式；

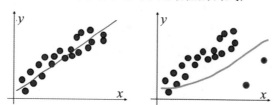

图 5-11　回归公式由于离群值的影响而发生偏差

(2) 离群值使模型估算值产生偏差，增加了错误方差；

(3) 如果要进行统计测试，其能力和影响力会受到影响；

(4) 从数据分析角度看，总体上是不能信任模型的各种系数的，由此模型的洞察结果也是错误的。

不过与缺失值相类似，离群值也不一定都不好，我们必须应用业务逻辑来检测被称为离群值的值是否是真正的离群值或是有效观察值。例如，表 5-10 中温度值看起来像离群值，但细看可以推导出当温度大大高出或降低时，目标变量"Failed(故障)"的值为"否"。

表 5-10　温度离群值不一定是坏事，因此应慎重对待离群值

温度	压力	粘度	湿度	故障
1	2.5	1.1	100	是
2	2.1	1.2	100.1	是
2	2.2	1.2	100.2	是
40	2.6	1.4	100.3	否
5	2	1.1	99.9	是
−20	2.5	1.1	99.8	否
2	2.1	1.3	100.5	是
5	2.2	1.3	100.5	是
4	2.6	1.4	101	是
5	2	1.1	99	是

因此在处理离群值时应慎重，不建议全面删除离群值。

下面是一些检测离群值的方法。

(1) 回顾第 1 章中讨论过的正态分布。若某个值处于 5%百分位和 95%百分位，或 1%百分位和 99%百分位之外，可认为是这个值是离群值；

(2) 超出−1.5×IQR 和+1.5×IQR 之外的某个值可认为是离群值。这里 IQR 指四分位距，给定值为(75%百分位的值)−(25%百分位的值)；

(3) 超出平均值 1～3 个标准差的值可称为离群值；

(4) 业务逻辑有助于确定任何异常值，从而检测出离群值；

(5) 通过箱型图或盒须图来可视化离群值。早前的各章中已创建了箱型图，将在稍后再次讨论。

离群值有很多处理方式，在确定某个特定的值是离群值且需要注意时，可执行以下处理。

(1) 彻底删除离群值。这要在确定该离群值可删除后才能进行；

(2) 对离群值进行封顶。例如，若已确定超出 5%百分位和 95%百分位的任何值为离群值，那么超过 5%和 95%范围的值都分别限制在 5%百分位及 95%百分位；

(3) 用平均值、中间值或众数替代离群值。这种方式与上一节中讨论的缺失值处理相似;

(4) 有时取该变量的自然对数可降低离群值的影响,但决定是否要取自然对数时要慎重,因为自然对数会改变实际值。

离群值对数据集构成巨大挑战,影响从数据中所产生洞察结果的准确性,也会使系数偏移并使得模型发生偏差,因此应清楚离群值造成的影响。同时我们也不能忽略商业世界与离群值的关系,并要判定观察值是不是严重的离群值。

除了前面讨论的问题,真实世界的数据集还有其他挑战,下面对这些挑战进行讨论。

5.8 数据集中其他常见问题

现在已见过数据集中面临的最常见问题,也讨论了如何检测和修复那些缺陷。真实世界中的数据确实杂乱且不整洁,但有其他很多因素有助于得到正确的分析结果。

数据集面临的一些其他问题如下。

(1) 关联变量:若自变量相互关联,则无法度量模型的真实能力,也不能产生有关自变量预测能力的正确洞察结果。我们理解共线性的最好方式是生成关联矩阵,这样就能指出关联变量,然后测试输入变量的多种组合。如果准确率或伪 R^2 没有显著下降,则可以删除其中一个关联变量。在本书前面章节中已处理过关联变量的问题。

(2) 有时整列中只出现一个值,如表 5-11 所示。

表 5-11　温度只有一个值,因此未增加任何信息

温度	压力	粘度	湿度	故障
1	2.5	1.1	100	是
1	2.1	1.2	100.1	是
1	2.2	1.2	100.2	是
1	2.6	1.4	100.3	否
1	2	1.1	99.9	是
1	2.5	1.1	99.8	否
1	2.1	1.3	100.5	是
1	2.2	1.3	100.5	是
1	2.6	1.4	101	是
1	2	1.1	99	是

温度具有常量值 1，是无法为模型提供任何重要信息的，最好将该变量删除。

(3) 拓展这个问题，可以是某个特定变量仅具有两个或三个不同的值。例如，考虑前面具有 100 000 行数据集的情况下，假如温度的值只有 100 或 101 这两个不同的值，那么也没有多少益处，但也可能会具有与分类变量相同的作用。

提示　这类变量不能为模型添加任何信息，也就不一定降低伪 R^2。

---

(4) 另一种检测这类变量的方法是检查方差，第(1)点中讨论的关联变量方差将为 0，而第(2)点中讨论的变量方差非常低。因此我们可以检查变量的方差，如方差低于特定阈值时则要进一步研究该变量；

(5) 前面章节中数据发现阶段讨论过的问题也是要及时处理的，如尚未处理，则必须先处理并整理数据！

这里有些可以应用于变量的转换。

(1) 标准化或 z 值：按公式 5-1 转换变量。

$$已标准化 x = \frac{(x - 平均值)}{(标准差)} \qquad (公式\ 5\text{-}1)$$

这是最普及的技术，令平均值为 0 且标准差为 1。

(2) 通过缩放变量至-1 和 1 之间并保持变量彼此之间的比例范围来完成均值归一化。目标是使每个数据点具有相同的比例，使得每个变量都同等重要，如公式 5-2。

$$已归一化 x = \frac{x - 平均值}{(\max(x) - \min(x))} \qquad (公式\ 5\text{-}2)$$

(3) 最大最小归一化用于将数据缩放至[0,1]的范围，指最大值转换为 1，而最小值为 0，中间的所有其他值为 0 到 1 之间的十进制值，如公式 5-3 所示。

$$已归一化 x = \frac{(x - x_{\min})}{(x_{\max} - x_{\min})} \qquad (公式\ 5\text{-}3)$$

由于最大最小归一化把数据缩放至 0 和 1 之间，当数据集中有离群值时就会表现得不好。例如，数据具有 100 个观察值，其中 99 个观察值在 0 和 10 之间，只有 1 个值为 50，由于会为 50 这个值分配值 "1"，这会使整个标准化数据集偏移。

(4) 可采用变量的对数转换改变分布的形状，特别是处理数据集中的偏态。

(5) 数据分箱用于减少数值以进行分类。例如，年龄可分类为年轻、中年及老年。

数据清理不是简单的任务，而是非常冗长乏味的迭代过程，确实考验耐心并需要商业头脑、对数据集的理解、编码技巧和常识。我们所做的分析及所构建的机器模型的质量都取决于这一步的执行。

至此阶段我们已具备了数据集,即便没有做到100%的清理也已清理到了一定程度。现在要进行下一主题——探索性数据分析(EDA)阶段。

5.9 步骤4:EDA

EDA 是机器学习模型构建过程中最重要的步骤之一,本节中将介绍所有变量并理解变量模式、相互依赖性、关联和趋势。只有在 EDA 阶段才能知道数据的预期表现。这个阶段中将从数据中揭示出洞察结果和建议,以强大的可视化完成整个 EDA 过程。

提示 EDA 是成功的关键。有时恰当的 EDA 可以解决业务案例。

EDA 与数据清理阶段很难区分开来。显然,数据准备、特征工程、EDA 及数据清理阶段的步骤是有所重叠的。

EDA 有两个主要方面:单变量分析和二元变量分析。顾名思义,单变量针对一个独立变量,二元变量用于理解两个变量之间的关系。

下面用 Python 完成案例细节,可以按照以下步骤完成 EDA。为了简洁起见,在此就不展示所有结果。数据集和代码的 Github 链接为 https://github.com/Apress/supervised- learning-w-python/tree/master/Chapter%205。

步骤1:导入必要的库。

```
import pandas as pd
import numpy as np
import matplotlib.pyplot as plt
%matplotlib inline
```

步骤2:加载数据文件。

```
matches_df = pd.read_csv('matches.csv')
matches_df.head()
```

现在处理比赛球员并可视化,如图 5-12 所示。

```
matches_df.player_of_match.value_counts()
matches_df.player_of_match.value_counts()[:10].plot('bar')
```

```
matches_df.player_of_match.value_counts()
```

```
CH Gayle            17
YK Pathan           16
AB de Villiers      15
DA Warner           14
SK Raina            13
                    ..
BCJ Cutting          1
HH Gibbs             1
GD McGrath           1
SM Katich            1
MJ Lumb              1
Name: player_of_match, Length: 187, dtype: int64
```

```
<matplotlib.axes._subplots.AxesSubplot at 0x126024810>
```

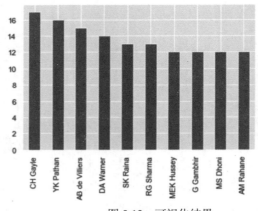

图 5-12   可视化结果

加载投球数据集并检查前 5 行。

```
deliveries_df = pd.read_csv('deliveries.csv')
deliveries_df.head()
Plot the batsmen by their receptive runs scored
batsman_runs = deliveries_df.groupby(['batsman']).batsman_runs.
sum().nlargest(10)
batsman_runs.plot(title = 'Top Batsmen', rot = 30)
```

根据击球员各自跑位得分绘图，如图 5-13 所示。

```
batsman_runs = deliveries_df.groupby(['batsman']).batsman_runs.
sum().nlargest(10)
batsman_runs.plot(title = 'Top Batsmen', rot = 30)
```

```
batsman_runs = deliveries_df.groupby(['batsman']).batsman_runs.sum().nlargest(10)
batsman_runs.plot(title = 'Top Batsmen', rot = 30)
```

```
<matplotlib.axes._subplots.AxesSubplot at 0x128104810>
```

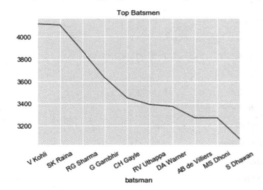

图 5-13　跑位得分折线图

上面的图可用以下代码创建为柱状图，如图 5-14 所示。

```
deliveries_df.groupby(['batsman']).batsman_runs.sum().
nlargest(10)\
.plot(kind = 'bar',title = 'Top Batsmen', rot = 40, colormap =
'coolwarm')
```

```
<matplotlib.axes._subplots.AxesSubplot at 0x11a1d4550>
```

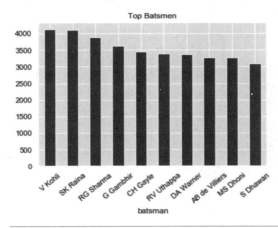

图 5-14　跑位得分柱状图

观察数据集(见图 5-15)，比较 2015 和 2016 年的表现，如图 5-16 和图 5-17 所示。

```
ipl = matches_df[['id', 'season']].merge(deliveries_df, left_on =
```

```
'id', right_on = 'match_id').drop('match_id', axis = 1)
runs_comparison = ipl[ipl.season.isin([2015, 2016])].
groupby(['season', 'batsman']).batsman_runs.sum().nlargest(20).
reset_index().sort_values(by='batsman')
vc = runs_comparison.batsman.value_counts()
batsmen_comparison_df = runs_comparison[runs_comparison.
batsman.isin(vc[vc == 2].index.tolist())]
batsmen_comparison_df
```

	season	batsman	batsman_runs
2	2016	AB de Villiers	687
6	2015	AB de Villiers	513
4	2015	AM Rahane	540
13	2016	AM Rahane	480
1	2016	DA Warner	848
3	2015	DA Warner	562
11	2016	RG Sharma	489
12	2015	RG Sharma	482
7	2015	V Kohli	505
0	2016	V Kohli	973

图 5-15　观察数据集

```
batsmen_comparison_df.plot.bar()
```

<matplotlib.axes._subplots.AxesSubplot at 0x125a5fdd0>

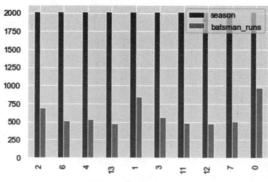

图 5-16　各赛季击球手表现

```
batsmen_comparison_df.pivot('batsman', 'season', 'batsman_
runs').plot(kind = 'bar', colormap = 'coolwarm')
```

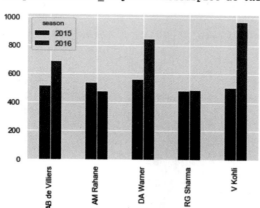

图 5-17　2015 年和 2016 年各击球手表现对比图

如果要检查赢得比赛的百分比并可视化为饼图(见图 5-18)，可以使用以下方法。

```
match_winners = matches_df.winner.value_counts()
fig, ax = plt.subplots(figsize=(8,7))
explode = (0.01,0.02,0.03,0.04,0.05,0.06,0.07,0.08,0.09,0.1,0.2,
0.3,0.4)
ax.pie(match_winners, labels = None, autopct='%1.1f%%',
startangle=90, shadow = True, explode = explode)
ax.legend(bbox_to_anchor=(1,0.5), labels=match_winners.index)
```

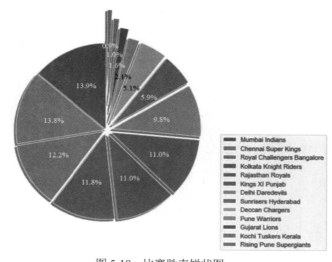

图 5-18　比赛胜率饼状图

现在将数据集可视化为直方图(见图 5-19)，表示未出局赢得的胜利而不是跑位。

```
matches_df[matches_df.win_by_wickets != 0].win_by_wickets.
hist()
```

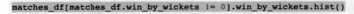

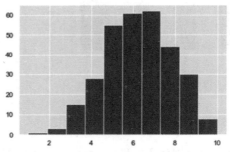

图 5-19   数据集直方图

现在创建箱型图(见图 5-20)。

```
team_score = deliveries_df.groupby(['match_id', 'batting_
team']).total_runs.sum().reset_index()
top_teams = deliveries_df.groupby('batting_team').total_runs.
sum().nlargest(5).reset_index().batting_team.tolist()
top_teams_df = team_score[team_score.batting_team.isin(top_teams)]
top_teams_df.groupby('batting_team').boxplot(column =
'total_runs', layout=(5,1),figsize=(6,20));
top_teams_df.boxplot( column = 'total_runs',by = 'batting_team',
rot = 20, figsize = (10,4));
```

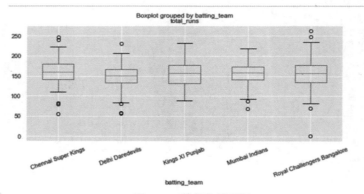

图 5-20   数据集箱型图

本书早些时候已建立了相关性的衡量标准。除此以外，还有多种方式执行 EDA，散点图、交叉表都是很好的工具。

EDA 是可靠的机器学习模型的基础，但 EDA 经常被忽略或不受重视，这是很危险的，可能会在后续阶段中导致模型中的各种挑战。EDA 度量所有变量的分布、了解变量分布的趋势和模式、揭示相互关系并给出分析的方向。大多数时候，EDA 期间变得重要的变量，在机器学习模型中也被发现具有显著性。请记住，EDA 所花费的时间对于项目的成功是至关重要的。由于大多数 EDA 的洞察结果非常有趣，因此 EDA 是吸引利益相关者并引起他们注意的有用资源。可视化使得这些洞察见解更具吸引力。另外，不具有机器学习或统计背景的受众相较于机器学习模型能更好地理解 EDA，因此对数据执行稳健的 EDA 更为谨慎。

下面将讨论机器学习模型构建阶段。

5.10　步骤 5：机器学习模型构建

现在讨论机器学习模型开发阶段期间应遵循的流程。完成 EDA 后，我们就对数据集有了广泛的理解，也在某种程度上清楚了数据集中出现的很多趋势和关联性，现在我们进入实际的模型创建阶段。

我们清楚实际模型构建所采取的步骤，前面章节中也已解决了很多案例，但在进行模型构建时，需要注意一些要点，这些要点都是针对我们所面临的常见问题或常见错误的，本节中要进行讨论。

我们从数据训练和测试集分割开始。

5.10.1　数据训练/测试集分割

我们已理解模型是在训练数据上训练，并在测试/校验数据集上测试准确度。原始数据分割为训练/测试集或训练/测试/校验集，我们可采用多种分割比率，可以是 70:30 或 80:20 的训练/测试集分割比率，也可以是 60:20:20 或 80:10:10 的训练/测试/校验集分割比率。

理解了训练和测试数据的用法后就要采取一些预防措施。

(1) 训练数据应具有业务问题的代表性。例如，为电信运营商处理预付费客户群，则数据应只针对预付费客户而不包含后付费客户，这应在数据发现阶段进行检查；

(2) 对训练和测试集进行采样时不应有任何偏差。有时训练或测试数据创建时，会根据时间或产品引入偏差，这样会使训练不正确，因此应避免。输出模型会产生未见数据的错误预测；

(3) 训练阶段不能让校验数据集接触到算法。如果已将数据划分为训练、测试和校验数据集，那么训练阶段将检测训练和测试数据集的模型准确度。校验数据集只能使用一次，仅在最终阶段用于检测稳健性；

(4) 离群值、无效值等的所有处理方法只适用于训练数据，而不适用于测试数据集或校验数据集；

(5) 目标变量定义问题并决定解决方案的关键。例如，零售商希望建立一个模型预测将要流失的客户，创建数据集时要考虑两个方面：

a. 目标变量的定义，或者更确切地说是目标变量的标签将决定数据集的设计。例如，表 5-12 中如果目标变量是"流失"，则这个模型将预测从系统中流失的倾向。如果目标变量是"不流失"，则预测留在系统中而非从系统中流失的倾向。

表 5-12　目标变量的定义改变整个业务问题及模型

客户号	收入	性别	物品	日期	流失	客户号	收入	性别	物品	日期	不流失
1001	100	男	4	01-01-20	0	1001	100	男	4	01-01-20	0
1002	101	女	5	02-01-20	1	1002	101	女	5	02-01-20	1
1003	102	女	6	04-01-20	1	1003	102	女	6	04-01-20	1
1004	104	女	8	02-01-20	0	1004	104	女	8	02-01-20	0
1001	100	男	4	01-01-20	1	1001	100	男	4	01-01-20	1
1005	105	男	5	05-01-20	1	1005	105	男	5	05-01-20	1

b. 我们对预测事件的持续时间感兴趣。例如，在未来 60 天内将要流失的客户与未来 90 天内要流失的客户是不同的，如图 5-21 所示。

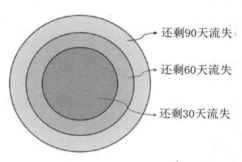

图 5-21　客户数据是彼此的子集。例如，30 天内将要流失的客户是 90 天内流失客户的子集

训练和测试数据的创建是进行实际建模之前最关键的一步。所创建的数据中如有任何形式的偏差或不完整性，输出的机器学习模型将会有偏差。

一旦获得了训练和测试数据集，就进入模型构建的下一步。

1. 模型构建和迭代

现在是构建实际机器学习模型的时候了。根据手中的问题，如果要开发监督学习解决方案，则可选择回归方法或分类算法，然后从可用的算法列表中选择一个算法。图 5-22 显示了所有算法的可解释性和准确性之间的关系。

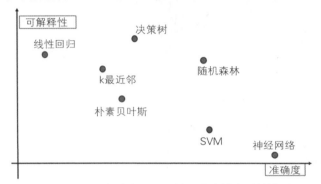

图 5-22　各种算法在可解释性和准确性方面的排列

通常，我们从线性回归、逻辑回归或决策树等基本算法开始，这为我们突破其他算法设定了基准。

然后我们继续用其他分类算法训练该算法。在准确度、训练速度、预测、稳健性和易理解性方面始终存在权衡，这还依赖于变量的性质。例如，k 最近邻需要数值变量，因为这个算法需要计算各数据点之间的距离，就需要一键有效编码将分类变量转换为各自的数值。

创建训练数据后，机器学习建模过程可设想为如下步骤，以分类问题为例。

(1) 采用逻辑回归或决策树创建算法的基本版本；

(2) 在训练数据集上度量性能；

(3) 迭代将提升模型的训练性能。迭代过程中尝试增加或删除变量的各种组合、修改超参数等；

(4) 在训练数据集上度量性能；

(5) 比较训练和测试的性能；模型不应过拟合(下一节将详细介绍)；

(6) 用如随机森林或 SVM 等其他算法测试并执行相同数量的迭代；

(7) 根据训练和测试准确度选择最佳模型；

(8) 在校验数据集上度量性能；

(9) 在超时数据集上度量性能。

Scikit-learn 库提供了一份很棒的算法备忘单(见图 5-23)，链接为 https://scikit-learn.org/stable/tutorial/machine_learning_map/index.html。

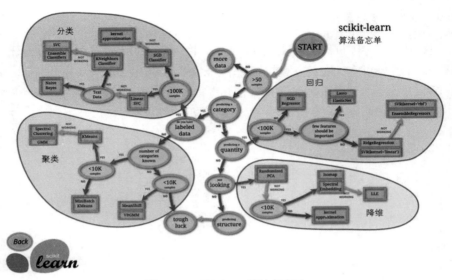

图 5-23　scikit-learn 算法备忘录

这步结束时已具有了各种算法的准确度，现在要讨论准确度测量的最佳实践。

2. 准确度测量和校验

至此，我们已为回归和分类问题讨论了各种准确度测量的参数，用于准确度测量的关键性能指标则要取决于手中的业务问题。回顾早前讨论过的欺诈检测案例：该案例中准确度不是正确的关键性能指标，而召回率才应是要优化的关键性能指标。因此根据手中的目标，准确度参数会发生变化。在机器学习模型阶段，比较各种算法是一种很好的实践方式，如表 5-13 所示。

表 5-13　比较所有算法的性能测量参数，从中选出最佳算法

	训练			测试			校验		
	准确度	召回率	精确率	准确度	召回率	精确率	准确度	召回率	精确率
逻辑回归									
决策树									
随机森林									
朴素贝叶斯									
SVM									

接着我们做出决策，选择出最佳算法。决策所选择的算法还取决于各种参数，如训练时间、预测时间、部署难度及刷新难度等。

伴随准确度的测量，还要检测做出预测的时间和模型的稳定性。如果模型用于实时预测，那么做出预测的时间就是至关重要的关键性能指标。

同时我们还必须校验模型。模型的校验是最关键的步骤之一，这一步检测模型

在新的和未见数据集上的性能表现。正如模型的主要目标：在新的和未见数据集上做出好的预测。

在超时数据集上测试模型的性能是一个好习惯。例如，如果模型在 2017 年 1 月到 2018 年 12 月的数据集上受训，那么应该能够检测在其他时段内数据的性能，如 2019 年 1 月到 2019 年 4 月，这样就能确保模型能在未见及非训练集的数据集上执行。下一节中学习阈值对算法的影响及如何进行优化。

5.10.2　为分类算法找到最佳阈值

还有一个重要的概念：最佳阈值，对分类算法而言非常有用。阈值指概率值，高于这个概率值的观察值就属于某个分类，在度量模型性能中起重要作用。

例如，考虑要构建一个预测模型，模型用于预测客户是否会流失。假设为分类所设置的阈值为 0.5，那么如果模型为某个客户生成 0.5 及以上概率值，则预测该客户将流失；否则就不会流失。这意味着具有概率值 0.58 的客户将被分类为"预测会流失"，但是如果阈值变为 0.6，则同一客户就会分类为"不会流失"。这就是设置阈值的影响力。

默认阈值设为 0.5，但这个阈值一般不适用于非平衡数据集。优化阈值是一项重要的任务，因为阈值会严重影响最终结果。

我们可采用 ROC 曲线优化阈值。最佳阈值是真阳率与(1-假阳率)相互叠加的地方。这种方式在最大化真阳率的同时，能最小化假阳率。但建议以不同的阈值测试模型性能，确定出最佳值。最佳阈值还取决于要解决的业务问题。

过拟合和欠拟合是在模型开发阶段遇到的常见问题，下面进行讨论。

5.10.3　过拟合与欠拟合问题

模型开发的过程中常面临欠拟合或过拟合的问题，也称为偏差-方差权衡。偏差-方差权衡指机器学习的一个属性，即当测试模型性能的时候，发现模型具有较低的偏差但方差较高，反之亦然，如图 5-24 所示。

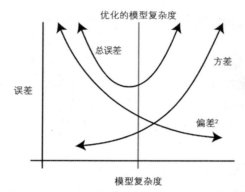

图 5-24　偏差-方差权衡。注意最佳模型复杂度是偏差和方差都得到平衡的最佳点

模型欠拟合是指一个模型不能做出准确预测，这个模型朴素且非常简单。由于我们创建了一个非常简单的模型，所以无法公平地处理数据集，如图 5-25 所示。

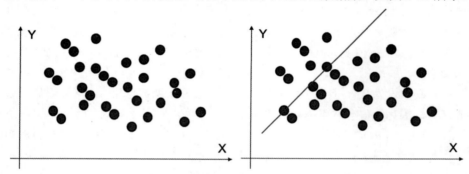

图 5-25　创建非常简单模型的欠拟合

过拟合则完全相反，如图 5-26 所示。如果我们创建了一个训练准确度高但测试准确度低的模型，就意味着算法非常仔细地学习了训练数据集的参数，这个模型为训练数据集提供了良好准确度，但测试训练集却没有实现高准确度。

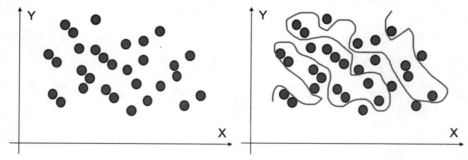

图 5-26　创建非常复杂模型的过拟合

欠拟合可通过增加模型复杂度来解决。欠拟合意味着我们为机器学习方法选择了非常简单的解决方案，而手中的问题需要较高的复杂度。我们能轻松地识别出欠拟合模型，这种模型的训练准确度不会很好，因此我们可做出这样的结论：模型甚至不能在训练数据上表现良好。要解决欠拟合，我们可以训练深度更深的树，或拟合非线性公式，而不是拟合线性公式。使用如 SVM 这样的高级算法有可能改善结果。

提示　有时数据中没有模式，即使采用最复杂的机器学习模型也不能产生好的结果。这种情况下可能需要很强的 EDA。

针对过拟合，可采用以下处理方法。

(1) 最简单的方法是使用更多的数据进行训练。但是如果新数据集杂乱或新数据与旧数据集类似，没有增加额外信息，那么这种方法可能并不总是有效。

(2) k 折交叉验证是对抗过拟合的有力方法，可调整各超参数，在必须进行最终选择之前测试集是完全不可见的。

k 折交叉校验技术在图 5-27 中进行描述。这是一个非常容易实现和理解的方法。这项技术迭代地将数据划分为训练和测试"折"。

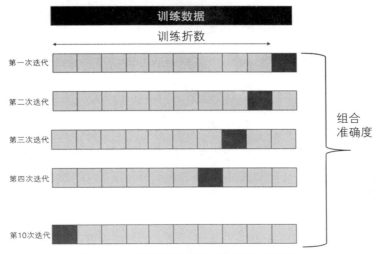

图 5-27　k 折交叉校验是处理过拟合的极佳技术

k 折校验中遵循以下步骤。

(1) 随机整理数据并分割为 k 组。

(2) 每组提取一个测试集，剩下的用作训练集。

(3) 通过在训练集训练并在测试集(也称为保留集)上测试，机器学习模型对每个组进行拟合。

(4) 最终的准确度是所有准确度的汇总，指每个数据点都有成为测试和训练数据集一部分的机会。每个观察值都是一个组的一部分，并且在实验的整个周期中都保留在这个组中。因此每个观察值都用于测试一次并训练(k-1)次。

k 折校验代码的 Python 实现可在 Github 存储库中查看。

(3) 与决策树相比，像随机森林这样的集成方法更易防止过拟合。

(4) 正则化是用于防止过拟合的技术之一。该技术使模型系数缩小到 0 或接近于 0。正则化的想法是如果有更多的变量添加到公式，则会使模型受到惩罚。

有两种正则化方法：套索(Lasso)(L1)回归及岭(Ridge)(L2)回归。公式 5-4 可以从早前章节中回顾。

$$Y_i = \beta_0 + \beta_1 x_1 + \beta_2 x_2 + \cdots + \varepsilon_i \qquad \text{(公式 5-4)}$$

同时我们有损失函数，必须对其进行优化才能获得最佳公式，即残差平方和(RSS)。

岭回归中添加收缩量到 RSS，如公式 5-5 所示。

$$RSS = RSS + \lambda \sum\nolimits_{i=1}^{n} \beta_i^2 \qquad \text{(公式 5-5)}$$

其中 λ 是调优参数，决定对模型做多大的惩罚。如 λ 为 0 则不产生影响，但 λ 变大则系数开始趋近于 0。

套索回归中添加收缩量到 RSS，方式与岭回归相似但有改变，不是计算平方，而是取绝对值，如公式 5-6 所示。

$$RSS = RSS + \lambda \sum\nolimits_{i=1}^{n} |\beta_i| \qquad \text{(公式 5-6)}$$

两个模型之间，岭回归会影响模型的可解释性，把很重要的变量的系数缩小为接近于 0，但永不会等于 0，因此模型始终含有所有变量。而在套索回归中有些参数可为 0，因此这个方法能帮助变量选择并创建稀疏模型。

(5) 决策树一般会过拟合，可采用下面两个方法防止决策树中过拟合。

a. 调优各种超参数并为树的生长设置限制，如最大深度、所需最大样本数、分割的最大特征、最大终端节点数等。

b. 第二种方法是剪枝。剪枝与构建树相反。基本的思路是非常大的树会非常复杂且不能很好地归纳，因此导致过拟合。回顾第 4 章，我们开发了决策树剪枝的代码。

决策树遵循贪心方法，因此决策仅根据当前状态，不依赖于未来预测状态，而

这种方法最终会导向过拟合。剪枝有助于解决这个问题。决策树剪枝中，

 i. 使树生长到最大可能的深度；

 ii. 然后从底部开始删除与顶部节点相比没有任何好处的终端节点。

注意，机器学习解决方案的目的是为未见数据集做出预测。模型在历史训练数据上训练，理解训练数据中的模式，然后利用模式信息为新的和未见数据做预测。因此，务必要在测试和校验数据集中度量模型的性能。如果选择了过拟合的模型，则不能处理新的数据点，就违背了创建机器学习模型的业务初衷。

模型选择是最关键也最令人困惑的步骤之一，与较简单的算法比较，很多时候倾向于选择更复杂或高级的算法。但是，较简单的逻辑回归算法和高级 SVM 提供相近水平的准确度时，应使用较简单的算法。较简单的模型更易于理解、对于持续变化的业务需求更为灵活，部署也直截了当，便于未来的维护和更新。一旦对生产环境中要部署的最终算法做出了选择，就很难替换所选的算法！

下一步是向利益相关人提交模型和洞察结果并获得他们的建议。

5.10.4　关键利益相关人讨论并迭代

与关键利益相关人保持密切联系是一种很好的做法。有时与关键利益相关人讨论后会进行多次迭代，利益相关人则能利用自身的业务敏锐度和理解力增加他们的投入。

5.10.5　提交最终模型

至此，已经准备好了机器学习模型，也与关键利益相关人进行了初步讨论，是时候向更广泛的受众推介模型并获取反馈意见。

必须记住机器学习模型被业务的多个功能所使用，因此务必要让所有功能都与洞察结果保持一致。

恭喜！你已拥有了实用、已经过校验、已测试及受到(至少部分)认可的模型，然后提交给所有利益相关人和团队进行详细讨论。如果一切顺利，模型就可以部署到生产环境中。

5.11　步骤 6：模型部署

至此我们已理解了模型开发的所有阶段。机器学习模型根据历史数据训练，产

生出一系列洞察结果及编译模型，将要用于新的和未见数据的预测。此时模型可以投入到生产环境中，称为部署。我们将详细讨论所有的概念。

与传统软件工程相比，机器学习是不同类型的软件。机器学习模型由各种因素共同作用来实现。现在我们必须对各种因素加以讨论，因为机器学习模型是强大而实用的解决方案的构建块。

各种关键元素如图 5-28 所示。

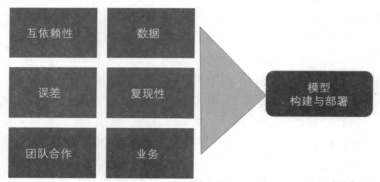

图 5-28　机器学习解决方案的关键元素是解决方案的基础

(1) **互依赖性**在机器学习解决方案中指各种变量之间的关系。如果改变其中一个变量的值，则会对其他变量的值造成影响，因此变量相互依赖。机器学习模型有时甚至对数据点值的微小变化都非常敏感；

(2) **数据**是模型的核心。数据为模型提供动力；数据是原材料，是一切的源泉。然而有些数据点非常不稳定并不断变化，因此设计系统时务必跟踪这些数据变化，模型和数据要相互协作；

(3) **误差**总会产生。为了部署需要计划很多事情，要确保部署的是正确版本的算法。一般来讲，应该是已在最近数据集上训练过并且经过校验的算法；

(4) **复现性**是机器学习模型所必需的、所期待的但非常困难的特征之一。对于在动态数据集上训练的模型或受协议和规则约束的领域(如医疗设备或银行)尤其如此。想象构建一个图像分类模型，要根据医疗设备行业中的图像区分出好和坏的产品。这种情况下，机构就必须遵守各种协议并将向监管单位提交技术报告；

(5) **团队合作**是整个项目的核心。机器学习模型需要来自于数据工程师、数据分析师、数据科学家、功能顾问、业务顾问、利益相关人、开发运维工程师等的时间和注意力，而部署也需要上述人员的指导和支持；

(6) **业务**利益相关人和资助人是机器学习解决方案成功的关键。他们将指导如何使用解决方案来解决业务问题。

提示　部署不是一项轻松的任务，需要时间、团队合作和多种处理技能。

开始机器学习模型前应弄清楚几个问题。除了上一段落中讨论过的关键因素外，还应清楚下面几个关于机器学习模型的要点。

(1) 必须检查机器学习模型是实时还是批量预测模式。例如，检查输入的交易是否属于欺诈是实时检测的一个示例。如果要预测某个客户是否违约，就不是实时系统而是批量预测模式，甚至可以在第二天进行预测；

(2) 要处理的数据大小是一个需要回答的重要问题，因此需要了解输入请求的大小。例如，网上交易系统预期每秒 10 条交易，与另一个预期每秒 1000 条交易的系统相比的话，负载管理和决策速度会有很大的不同；

(3) 确保检查模型关于做预测的时间、内存需求及如何产生最终输出等各方面的性能；

(4) 然后要决定模型需要分时训练还是实时训练；

a. 分时训练是训练历史数据模型并将其投入生产，直到模型性能下降为止，然后刷新模型；

b. 实时训练是在实时数据集上训练机器学习模型后重新训练，使机器学习模型始终满足新数据的要求；

(5) 对所预期的机器学习模型自动化程度也要做出决策，这有助于更好地计划手动步骤。

回答了这些问题后我们就清楚了模型的目的和业务逻辑。完全测试之后模型就准备好移植到生产环境。然后我们应处理下面要点。

(1) 一切从拥有数据库开始。数据库可以在云服务器或传统服务器上，包含模型要从中使用传入数据的所有表和数据源，如图 5-29 所示。有时是独立的框架将数据输入模型中。

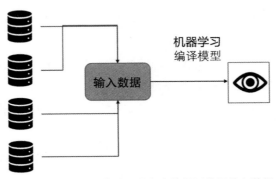

图 5-29　机器学习模型可从多个数据源获得输入数据

(2) 在某个变量不是原始变量而是派生变量的情况下，为这项数据创建数据源时也要采取同样的措施。例如，考虑某个零售商所具有的输入原始数据是每天的客户交易细节。前面已构建过了客户流失的预测模型，其中显著变量之一是客户的平均交易值(总收益/交易数量)，那么该变量也将是数据供应表的一部分；

(3) 输入数据对于机器学习模型而言是未见的、新的数据。输入数据包含了具有编译模型预期格式的数据。如果数据不是预期格式，则会发生运行时间错误，因此务必彻底检测输入数据。在拥有使用神经网络的图像分类模型的情况下，应检测输入图像维度是否与网络预期的一致。同样，对于结构化数据应检查输入数据是否符合预期并检查变量名称和类型(整数、字符串、布尔值、数据框等)；

(4) 编译模型被存储为序列化对象，如 Python 的.pkl、R 的.R 文档、MATLAB 的.mat、.h5 等。这是用于做预测的编译对象，可采用下面几种格式。

a. Python 使用 Pickle 格式。该对象是可加载和共享的流对象，也可在后面步骤中使用；

b. ONNX (开放式神经网络交换格式，Open Neural Network Exchange Format)允许存储预测模型。同样，PMML(预测模型标记语言，Predictive Model Markup Languages)是另一种可使用的格式；

(5) 模型的目标、所做预测的性质、输入数据量、实时预测还是分时预测等使我们能为业务问题设计出一个良好的架构；

(6) 模型部署时有多种可用的选项，可按如下方式部署模型。

a. **Web 服务**：机器学习模型可部署为 Web 服务。Web 服务是一种很好的方法，因为网络、手机和台式电脑等多种界面都能处理 Web 服务。我们可以设置一个 API 包装器，将模型部署为 Web 服务，API 包装器则负责未见数据的预测。

采用 Web 服务时，Web 服务接收一个输入数据，并将输入数据转换为模型所期待的数据集或数据帧，然后用数据集(连续变量或分类变量)做预测并返回各自的值。

假设某个零售商网上销售专业产品，很多业务来自于回头客，现在该零售商发布了一种新产品，而该项业务要针对现有的客户群。

这样就要部署一个机器学习模型，根据客户最近一次交易来预测客户是否会购买新推出的产品。整个过程描述如图 5-30 所示。

应注意我们已经掌握了关于客户过去行为的历史信息，由于要对新信息做预测，所以必须合并新信息后与预测服务共享。

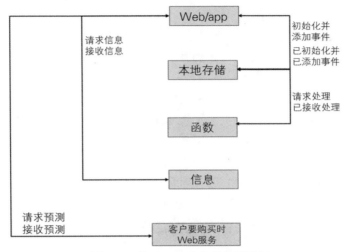

图 5-30 基于 Web 服务的部署过程

作为第一步，Web 或 app 初始化并向信息模块发出请求。信息模块由客户历史交易信息等构成，将客户信息返回网络应用程序。Web 应用程序会在本地初始化客户的个人资料并在本地存储此信息。类似地，也可以获取在 Web 或 app 中正发生的新事件链或触发器。这些数据点(旧客户细节及新数据值)与某个函数或包装器函数共享，这些函数根据新数据点更新接收到的信息，然后这些更新了的信息与预测 Web 服务共享，生成预测并接收返回值。

这种方式可使用 AWS Lambda 函数、Google Cloud 函数或 Microsoft Azure 函数。或使用如 Docker 这样的容器，用这个容器部署一项 flask 或 Django 应用。

b. **集成数据库**：这是一种普遍使用的方法。如图 5-31 所示，这种方法比基于 Web 服务的方法简单，但适用于较小的数据库。

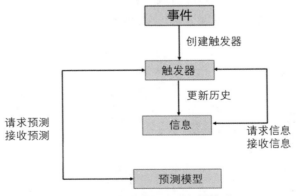

图 5-31 集成数据库后部署模型

这种方法中，当发生新交易时就产生一个事件。这个事件创建一个触发器，此触发器与客户表共享信息。该客户表将更新数据并与事件触发器共享已更新的信息。然后运行预测模型，生成预测值，预测客户是否会购买新推出的产品。最后根据所做的预测再次更新数据。

这是比较简单的方法，可使用 MSSQL、PostGres 等数据库。

我们还可以将模型部署到本机 app 或 Web 应用程序中。预测机器学习模型可作为本地服务对外运行，不大量使用。模型部署后必须由本系统使用；

(7) 下一步要考虑的是机器学习模型所做预测的消耗。

a. 如果模型进行了如图 5-32 所示的实时预测，那么模型会返回一个信号，如通过/失败或者是/否。模型还会返回一个概率值，可由输入请求处理。

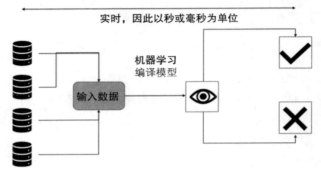

图 5-32　实时预测系统需要几秒或几微秒做预测

b. 如果模型不是实时模型，则模型可能生成概率值并将其存入数据库中一张独立的表，称为批量预测，如图 5-33 所示。模型生成的值必须写回到数据库中，但没必要将各种预测写回。预测可写入.csv 或.txt 文档，然后上传到数据库。一般情况下，预测伴随着原始输入数据的所有详细信息，已对这些原始数据做了相应的预测。

回归问题时所做预测为连续的，而分类问题的预测结果则是概率值/类别。根据预测可进行相应的配置。

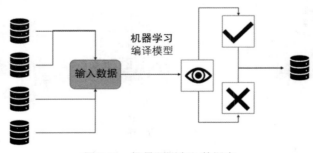

图 5-33　批量预测存入数据库

(8) 可使用任何云平台创建、训练并部署模型。最常见的可用选项如下。

a. AWS SageMaker

b. Google Cloud AI platform

c. Azure Machine Learning Studio，是 Azure Machine Learning 服务的一部分

d. IBM Watson Studio

e. Salesforce Einstein

f. MATLAB，由 MathWorks 提供

g. RapidMiner 提供的 RapidMiner AI Cloud

h. TensorFlow Research Cloud

恭喜！模型已部署到生产环境中，正在对真实和未见数据集做预测。激动人心，对吧？

5.12　步骤 7：文档化

现在模型已部署，我们必须确保已整理、检查所有代码并正确地使所有代码文档化。Github 可用于版本控制。

模型文档化取决于使用的机构和领域。受管制的行业中必须正确地文档化所有详细信息。

5.13　步骤 8：模型更新和维护

至此已理解了模型开发和部署的所有阶段。但模型进入生产环境后需要持续的监控，必须确保模型始终以期望水准的准确度进行度量。为此，建议拥有一个仪表板或监控机制，定期测量模型性能。在这种机制不可用的情况下，则要完成模型的月检查或季检查。

模型的更新可按照图 5-34 所示的方法实现，图中显示了完整的步骤。

模型部署后对模型进行每月的随机检查。如果性能不好，则模型需要更新。即使模型性能不会下降，利用不断创建和保存的新数据点刷新模型仍然是一种很好的做法。

至此，我们已完成了设计机器学习系统的所有步骤，包括如何从零进行开发、如何部署并维护。这是一个非常冗长的过程，需要团队的合作。

至此，就结束了本书最后一章。

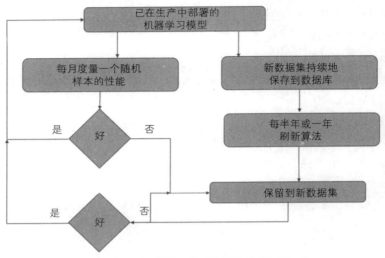

图 5-34　机器学习模型刷新和维护过程

5.14　小结

这一章中学习了模型的生命周期——从零到维护。根据业务领域和手头的案例还有其他方法和过程。

至此我们就到了本书的结尾。本书从介绍机器学习及其广泛的分类开始，后面一章讨论了回归问题及如何解决分类问题，接下来是更多高级算法，如 SVM 和神经网络。最后一章中总结了各种知识并创建了端到端的模型开发过程。Python 代码和案例分析则补充了我们的理解。

数据是新石油、新电力、新功能和新货币，这个领域正在快速增长，并在全球范围内产生影响。随着这种快速发展，这个行业开辟了新的工作机会并创立新的工作岗位。数据分析师、数据工程师、数据科学家、可视化专家和机器学习工程师，这些工作十年前尚未出现，现在对这些职业却有着巨大的需求，但又缺少满足这些职业描述严格标准的专业人员。时代的需求要求数据艺术家能结合业务目标和分析问题，并设想解决方案解决动态业务问题。

数据正影响着所有业务、运营、决策和政策，每天都在创建越来越多的复杂系统，数据及其能力是巨大的。我们能看到如无人驾驶汽车、聊天机器人、欺诈检测系统、面部识别解决方案、物体检测解决方案等案例，能产生快速洞察结果、扩展解决方案、可视化和即时做决策。医学行业可生产更好的药品，银行和金融业能减少风险，电信运营商能提供更好、更稳定的网络覆盖，而零售业可提供更好的价格并为客户提供更好的服务。应用案例是海量的，并且仍在探索中。

但如何利用数据的这种力量是我们的责任，我们可以将其用于造福人类或毁灭人类，也可使用机器学习和人工智能传播爱或仇恨，这是我们的选择，就像是老话所说——能力越大，责任越大！

练习题

问题 1：什么是过拟合？如何处理？

问题 2：可用于部署模型的选项有哪些？

问题 3：变量变换类型有哪些？

问题 4：L1 和 L2 正则化的区别是什么？

问题 5：解答前几章中所做的练习，并在处理缺失值和关联变量后比较精确率。

问题 6：EDA 中的各种步骤是什么？

问题 7：从下面链接下载 NFL 数据集并处理缺失值：https://www.kaggle.com/maxhorowitz/nflplaybyplay2009to2016。

问题 8：如何定义一个有效的业务问题？